NEUROBIOLOGIA DEL INTELECTO

LIBRO XVIII

"LOS NIVELES DE LA PERCEPCIÓN EXTRASENSORIAL"

ENSAYOS NEUROEPISTEMOLÓGICOS

YURI Q. ZAMBRANO, M.D.
2014

EDITORES

NEUROBIOLOGÍA DEL INTELECTO
LIBRO XVIII:
LOS NIVELES DE LA PERCEPCIÓN EXTRASENSORIAL

Primera Edición.

Copyright © 2014, By Yuri G. Zambrano. Respecto a la primera edición de **NBI EDITORES** en español, para todos los libros del autor asociados a NEUROBIOLOGIA DEL INTELECTO y *SUMMA NEUROBIOLOGICA*.

EDITORES
(E-mail: neuronalself@gmail.com).

International Standard Book Name:
ISBN 978-1-326-10566-2

Prohibida la reproducción total o parcial de esta obra por cualquier medio sin la autorización escrita del editor.

IMAGEN EN PORTADA: El Ser Mí(s)tico y su inevitable proyección shamánica. (Diseño Autoral).

Diseño e Impresión: NBI Editores

Impreso en México.

Arial 12 pts. mayor parte del texto y Bibliografías en Times New Roman, 10 pts. Títulos y estilo acordes a convenciones generales. Gráficas debidamente reseñadas y bibliografiadas, según derechos internacionales de autor.

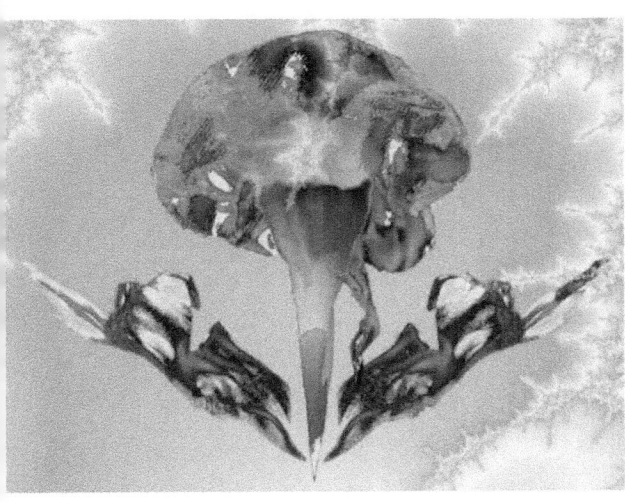

¿Cuándo comienza el aprendizaje?

Hay una brecha considerable entre conocer el nombre de las cosas, **re**-conocer el nombre de esas cosas, y entender finalmente tales cosas.

Cuando creemos comprenderlas, apenas nace el concepto.

A todo eso, hay que darle vueltas constantemente!

Tenochtitlan, Enero 22, 1989.

Le Faux Miroir, 19 x 27 cm. Óleo sobre tela.
Museo de Arte Moderno de Nueva York
René Magritte, 1928

Contenido

LIBRO XVIII

I Proemio a la edición global III
II. *Summa neurobiológica* ....……....... V
III. Prefacio al Libro XVIII XI
IV. De la Portada ....…… XV
V. Creencia Neurobiológica XVII
VI. Mención Referencial XIX
VII. Acrónimos XXI

LOS NIVELES DE PERCEPCIÓN EXTRASENSORIAL

MÓDULO 59

ESTADOS ALTERADOS Y AMPLIACIONES DE LA CONCIENCIA

59.1 El Misticismo y Los Sacramentos
      Psicoactivos 5
      59.1.1 El Cerebro Durante
      el LSD y las Dinámicas de la
      Psique Adictiva 17
59.2 La Mecánica Neural de los Estados
      Adictivos 39
      59.2.1 El Sistema Mesolímbico y
      Los Estados de Recompensa 43

MÓDULO 60

LA FENOMENOLOGIA ULTRASENSORIAL DE LA MATERIA:

EN DEMANDA DE LOS CORRELATOS NEURALES 51

    60.1 Fundamentos Neurales de la Sugestión Hipnótica 58
    60.2 Telepatía 63
    60.3 Experiencias Extracorpóreas 67
    60.4 Psicocinesis 69
    60.5 La Actividad Neuronal del Curador Durante la Cirugía Psíquica 72

EXCERPTA SUCINTA 95

BIBLIOGRAFIA 97

PROEMIO PARA LA EDICION TOTAL

Después de mucho considerarlo y ponderar si "Neurobiología del Intelecto", — un tratado sobre el devenir de la neurobiología y sus aplicaciones a las funciones cognitivo-intelectuales y concienciales—, debería ser fraccionado; se decidió realizar la edición de esta apoteósica obra - con más de 1500 hojas (en A4) -, integrando publicaciones más breves. Es decir, volúmenes con exégesis a manera de *epítomes* o compendios como si fueran excerptas que pudiesen ser digeribles y más abiertas al lector interesado en dilucidar los enigmas que la neurobiología nos ofrece, para entender, el cómo se estructura el curso del pensamiento intelectual.

Originalmente la obra, fue finalizada hace 10 años, en más de 64 módulos con apéndices algorítmicos que sustentan la teoría de la epistemología neuronal (TEN). Estos módulos, obedecen a la nueva perspectiva de procesamiento neuronal, basada en modelos distribuidos, donde la información es procesada jerárquicamente en columnas neuronales; siguiendo además, los cánones de reverberación sináptica Hebbiana, útiles para consolidar los procesos de memoria y aprendizaje.

La obra está dispuesta en cinco partes, dividida didácticamente en módulos, iniciando desde conocimientos muy superficiales hasta la explicación de complejos mecanismos de procesamiento neuronal que se dan en las funciones de alto orden conciencial.

Así pues, la primera parte relaciona a la infraestructura del pensamiento, describiendo la función integral molecular de la neurona hasta los mecanismos que se utilizan para generar información coherente y sincronizada produciendo actividad intelectual. La segunda y tercera partes, tratan sobre fisiología y dinámica neuronal integrativa, desde la función biofísica de canales iónicos y la liberación de neurotransmisores, hasta la explicación de la integración de redes neuronales por mecanismos de retropropagación y algorítmicos. Las dos partes finales, contienen módulos de función cerebral superior como mecanismos de memoria e integración conciencial, describiendo la actividad neuronal que subyace en los estados amplificados de la conciencia, y también en los estados básicos de conciencia.

En esta colección de volúmenes, el autor, en comprometida recopilación, busca la actualización de sus bibliografías con casi 30 años de estudio en el tema, y además orientándolo por primera vez en español, hacia la Neuroepistemología; recurriendo al método científico, a la investigación en conciencia y a las redes neuronales que la generan; completamente analizadas desde el punto de vista de la TEN.

Este trabajo se presenta como una alternativa inicial, útil para diversificar el pensamiento y abrir opciones de búsqueda a nuevos investigadores que objetivamente, conforman la substancia de la esperanza humana.

A continuación la *summa neurobiológica original*, de la que se desglosarán las exégesis pertenecientes a "Neurobiología del Intelecto".

YURI ZAMBRANO

NEUROBIOLOGIA DEL INTELECTO

"SUMMA NEUROBIOLÓGICA"

- PARTE I -
INFRAESTRUCTURA DEL PENSAMIENTO

1. QUÉ ES LA NEUROBIOLOGÍA.

Módulo

1. De los Diversos Aspectos de la Neurobiología
2. De sus Herramientas Experimentales
3. Perspectiva Pragmático-Evolutiva de la Neurobiología Conductual
4. La Neuroimagen: una Estación de Relevo Futurista

2. El Fascinante Sistema Nervioso:
LA COMPLEJA MAQUINARIA FUNCIONANDO

Módulo
5. Principios Básicos Neuroanatómicos
6. Neurogénesis

LAMINAS ANEXAS

3. LA ULTRANEURONA,
O EL PARADIGMA DE LA ESPECIFICIDAD

Módulo

7. Cómo Funciona
8. El Tráfico Endosómico de Proteínas
9. La Personalidad De Las Neuronas
10. El Sorprendente Escenario Cerebelar
11. Sinaptogénesis y Guía del Axón.

4. "EN BUSCA DEL PENSAMIENTO PERDIDO..."
Algunas Disquisiciones sobre La Frenología
y La Topografía Cortical

Módulo

12. Aproximaciones al Estudio de la Fisiología Cortical
13. El Mapeo Cortical como Herramienta en la Comprensión De La Función Cerebral.
14. Estratificación Cortical y Corticogénesis
15. La Artesanía Cortical y la Emergencia de las Funciones Cerebrales Superiores.
16. Asimetría Hemisférica
17. Cómo se genera la imagen mental

- PARTE II -
LA DINAMICA NEURAL

A. IMPLICACIONES PARA UN MECANISMO OPERACIONAL

5. ONTOGENIA DE LOS SENTIDOS Y SUS VÍAS DE PROCESAMIENTO
El procesamiento de las sensaciones

Módulo

18. La Génesis Para Cada Uno, Tiene Sentido.
19. Las Vías De Procesamiento Sensorial
20. Cómo Actúan

6. APOPTOSIS Y MUERTE NEURONAL.
(Vida, Obra y Realidades De Un Sistema Neural)

Módulo

21. La Regeneración Neuronal y Las Perversiones Neurotróficas
22. La Totipotencialidad Celular y el Recambio Neuronal
23. El Sacrificio Neuronal Programado
24. La Diversidad Terapéutica de la Regeneración Neuronal

B. DE LA CONFLUENCIA DE LOS ELEMENTOS

7. DE LOS IONES A LA MEMBRANA.

Módulo

25. El Movimiento de Iones y La Generación Del Potencial De Acción
26. De Los Fundamentos Integrativos Para la Comunicación Neuronal.
27. Proteínas De Predominio Transmembranal Implicadas en la Comunicación Neuronal.
28. La Crítica Señalización Intracelular

8. ATENCIÓN: SINAPSIS TRABAJANDO

Módulo

29. Componentes Electroquímicos De La Sinapsis
30. Liberación De Neurotransmisores
31. Modulación Presináptica e Integración Neuronal

- PARTE III -
REDES NEURONALES

9. EL PROCESAMIENTO DE LA INFORMACIÓN INTELECTUAL

Módulo

32. El Centro de Múltiples Correspondencias
33. Redes Neuronales que son Imprescindibles
34. Importancia de los Neurotransmisores en la Modulación de las redes neuronales

10. QUÉ ES UN MODELO NEURONAL.
Módulo

35. De La Neurobiología Experimental Clásica a la Yoctocomputación
36. El modelo Neural del Proceso Matemático
37. Modelos Alternos De Procesamiento en las Funciones Cerebrales Superiores

11. NUEVOS CONCEPTOS EN
       PROCESAMIENTO NEURONAL

Módulo

   38. Conceptos Clásicos
   39. Conexionismo
   40. El Modelo Conexionista para
        acceder a la Fenomenología de la Conciencia
        APENDICE ALGORITMICO DE LA TEN
        (Incluye Sub-Apéndice Cuántico)

- PARTE IV -
LAS APLICACIONES DE ALTO ORDEN

12. LAS MOLÉCULAS DE LA MEMORIA

Módulo

   41. Bases Neurofisiológicas y Moleculares
       de la Memoria
   42. El Papel De Los Promotores Genéticos

13. AHORA QUÉ RECUERDO:
   Los Circuitos de Memoria y Las Cortezas
             De Asociación

   43. Sistemas De Memoria y sus Mecanismos
       de Almacenamiento y Recuperación
   44. Su Relación con el Lóbulo Temporal
   45. La Corteza Prefrontal

14. DEL OLVIDO AL NO ME ACUERDO
        (Memoria Emocional y Afectiva)

Módulo

   46. La Integración de la Respuesta Emocional
   47. La Memoria Y Las Hormonas
   48. Las Emociones: ¿Se Archivan? O Se Descartan...

15. HABLANDO SE ENTIENDE LA GENTE

Módulo

49. La Conformación Evolutiva del Lenguaje
y la Disociación Neural
50. Cómo se Genera la Adquisición del Lenguaje
51. La Arquitectura Neural del Lenguaje Articulado

- PARTE V -
NIVELES DE CONCIENCIA Y COGNICIÓN

16. UN VIAJE AL CENTRO DE NUESTRA CONCIENCIA "Aproximaciones Neurobiológicas".

Módulo

52. Quién es ese «Sí Mismo» que Tanto Mientan.
53. Las Bases Neurobiológicas que Permiten Concebir el Problema
54. El Enfoque Neurofísico Conciencial y unj Mapa Neurobiológico de la Mente

17. LOS NIVELES DE PERCEPCIÓN EN LA CLÍNICA DE LA CONCIENCIA

Módulo

55. Sueño y Coma, La Clínica Imperativa Tras La Conciencia
56. Anomalías en la Percepción, que Indican Graduación Conciencial
57. Bases Neurales para la Cognición Ultrasensorial
58. Epilepsia: La Importancia del Aura como Nivel de Conciencia

18. LOS NIVELES DE LA PERCEPCIÓN EXTRASENSORIAL

Módulo

59. Estados Alterados y Ampliaciones de la Conciencia
60. La Fenomenologia Ultrasensorial de la Materia:
    En Demanda De Los Correlatos Neurales

19. LA SUBLIMACIÓN DEL INTELECTO Y LA NEUROEPISTEMOLOGÍA.

Módulo

61. Tras La Utopía Del Engrama Conciencial
62. Consideraciones Filosóficas
63. El *Episteme* Proteico
64. La Clave De Acceso ...

APÉNDICE X
SEX~cUALIDAD Y CEREBRO

Módulo

X.1. Genes y Cortejo: Conducta Sexual
X.2. Los Neurotransmisores y La Actividad Sexual
X.3. El Hipotálamo y El Sexo
X.4. La Evolución del Intelecto, ¿Se Debe a una Eficiente Selectividad Sexual?

BIBLIOGRAFÍA
Glosario
Índice Analítico

INTRODUCCION A LA OBRA EN PARTICULAR

LIBRO XVIII

LOS NIVELES DE LA PERCEPCION EXTRASENSORIAL (PES)

Los Estados Amplificados de la Conciencia (EAC), como paradigma de estudio en neurociencias y neuroepistemología, requieren de herramientas exhaustivas basadas en el método científico, para dilucidar de forma contundente ciertos fenómenos PES, que definitivamente deben ser abordados de manera categórica.

Y es que para las neurociencias, la fenomenología paranormal tiene varios inconvenientes de fondo y de forma. A pesar de los grandes avances tecnológicos, son más complejos de analizar los numerosos eventos que preceden al conjunto epifenoménico de la extrasensorialidad. Hoy, sólo algunos expertos en el tema, por iniciativa propia o por el azar subyacente a la *serendipia impostergable,* aprovechan con dádivas lo poco que deja entrever el potencial neuronal del solipsista sistema nervioso; en el que coexisten más de 119 fenómenos ultrasensoriales de la materia, uno por cada uno de los elementos químicos de la tabla periódica, más los que faltan por descubrir.

Por todo ello, y en medio de estos tiempos de tan particular exacerbación caótica, la experimentación en todos los niveles de abordaje se ve continuamente más facilitada. Algunos grupos de investigación en neurociencias, especialmente los críticamente afines a cronobiología y neurofarmacología apenas comienzan a abrir tímidamente las puertas de la percepción, como bien apuntaba Aldous Huxley hace más de medio siglo; mientras que la neuroepistemología propone el escrutinio en ámbitos subjetivos como las creencias, el misticismo y las sensopercepciones propias de las amplificaciones concienciales.

Analizar científicamente las sensaciones experimentadas en condiciones artificiales (fármacos inductores de experiencias enteógenas o psicodélicas) o bien, logradas desde el punto de vista natural incluso durante el sueño MOR o el misticismo, invitan a comprender los alcances de la función cerebral durante los EAC, incluso en interacciones con otros cerebros.

Los estudiosos en este campo, piensan que fenómenos alucinatorios y algunos de expansión conciencial, se debe al buen oficio de receptores especializados a específicos neurotransmisores y también, a excelentes dispositivos neurobiológicos fundamentados en epistemas moleculares y proteicos que predeterminan genéticamente la actividad neuronal activada durante los EAC.

El objetivo de este texto, es fortalecer los antecedentes científicos reportados en este campo, con el fin de demandar y promover la demanda de correlatos neurales con la generación de EAC. Así, bajo esta premisa ineludible que ostenta aroma de verdad rigurosa, algunos de estos sucesos *quasianecdóticos* podrían ser desmantelados en evidente farsa gracias al concurso categórico y contundente del insustituible quehacer científico.

EL AUTOR

XIII

XIV

DE LA PORTADA

EAC Estados Amplificados de la Conciencia

LOS NIVELES DE LA PERCEPCIÓN EXTRASENSORIAL

> **Tim Roth** (Erik Ian Hannussen): Nature doesn't care that we think of it, no about the laws that we assigned... there is not future, just states of things and events... events are still points, only man hurries pass...
>
> **The Invincible,
> Dir. Werner Herzog, 1999.**

XVI

OPENING PATHWAYS... La traducción de la actividad neuronal es tan infinita, como el número de sinapsis que se puedan generar en el cerebro. En los eventos relacionados con los diferentes niveles de percepción extrasensorial, existen procesos de fortalecimiento sináptico, potenciando el engranaje de redes neuronales especializadas en modificar el entorno sensoperceptivo; incluso, durante los Estados Amplificados de la Conciencia, hay cambios que refieren aperturas alternas hacia un conocimiento interior de carácter místico. La maquinaria que subyace a esta amplificación conciencial, depende de oscilaciones neuronales con características especiales, ameritando que los científicos implementen críticos abordajes para conocer las cualidades cognitivas y neurofisiológicas que determinan estos fenómenos.

CREENCIA NEUROBIOLÓGICA

> En algún espacio de *terra firme*,
> al sureste de los lagos glaciares
> del Sol y de la Luna,
> Dentro del cráter del Volcán Xinantecatl.
> (Noviembre 16 de 1996, 01:43 am.)

Creo en la sinapsis de Sherrington,
señora y dadora de vida
que procede
del cono de crecimiento axonal
y de la unión neuromuscular,
primera transformación
de lo invisible a lo visible,
proceso de expansión de un sistema.

Creo en la liberación de
Neurotransmisores,
nacida de la despolarización neuronal
antes de la inhibición presináptica
y en los eventos que la componen.
Efecto de efectos moleculares
Luz de luz,
engendrados no creados
de la misma naturaleza biológica
de los ácidos nucleicos,
por quien todo fue hecho;

Que por nuestra salvación
fue crucificada en tiempos apoptóticos,
y por obra evolutiva,
fue ascendida a unidad neuronal,
sentándose a la derecha de la ciencia,
y de nuevo vendrá con gloria
para juzgar a crédulos y escépticos,
y su reino no tendrá fin.

Creo en la santa coherencia neuronal,
que procede de una armonía
sincrónica,
que por los dos anteriores
recibe comandos genéticos
predeterminados,
adoración y gloria,
dedicación y sustento;
y que habla por nuestros
comportamientos.

Y en la Neurobiología
que es una santa,
científica y apostólica
confieso que hay varios textos
para el perdón de nuestra ignorancia
esperamos la resurrección del
entendimiento
y la conversión del mañana
en prehistoria

Amén.

MENCIÓN REFERENCIAL

SIMULADOR DE RMN***

Las figuras de RMN en este libro, fueron didácticamente procesadas para una mayor ejemplificación de la función cerebral. Sus correlatos de estereotaxia son acordes con experimentos clásicos de neurociencias cognitivas.

Las ilustraciones educativas fueron íntegramente desarrolladas por el autor siguiendo las coordenadas clásicas (xyz) de J. Tailairach y P. Tournaux, identificando estructuras cerebrales claves. Para alcanzar tal objetivo, fue usado un software de simulación 3D, basado en ecuaciones de Bloch, Algoritmos y otras rutinas de procesamiento de imágenes, diseñadas por Alan C. Evans, Remi Kwan y Bruce Pike del Centro McConnell de Imágenes Cerebrales, asociado al Instituto Neurológico de Montreal y a la Universidad de Mc Gill, con el apoyo multidisciplinario de profesionales en Ingeniería biomédica, ciencias computacionales, física médica, neurología, neurocirugía, matemáticas aplicadas, ingeniería eléctrica y psicología, entre otras disciplinas.

Kwan RK.-S, Evans AC & Pike GB (1999) MRI simulation-based evaluation of image-processing and classification methods" IEEE Transactions on Medical Imaging. 18(11):1085-97.

Más información:
R. K.-S. Kwan, A. C. Evans, and G. B. Pike, An Extensible MRI Simulator for Post- Processing Evaluation, Visualization in Biomedical Computing (VBC'96). NOTAS EN: Computer Science, vol. 1131, Springer-Verlag, 135-140, 1996. Artículo disponible en versión *html*, postscript (1M).

XX

ACRÓNIMOS

AB: Área de Brodmann
AVT: Area VentroTegmental
CCA: Corteza Cingulada Anterior
COF: Corteza OrbitoFrontal
CPF: Corteza PreFrontal
CPFDL: Corteza Prefrontal DorsoLateral
CPFVL: Corteza Prefrontal VentroLateral
DMT: DiMetil Triptamina
EAC: Estados Amplificados de la Conciencia.
EMC: Estado de Mínima Conciencia.
EVP: Estado Vegetativo Persistente
FSC: Flujo Sanguíneo Cerebral
GABA: Acido γ Amino-Butírico
LSD: Dietil amida del Ácido Lisérgico
MDMA: Methyl-DextroAnfetamina
MEG: Magnetoencefalografía
MISSED: Mínima Integración Somato-Sensorial de los Estados de Deterioro
MOR: Movimientos Oculares Rápidos
NMDA: N-Methyl D-Aspartato.
NSQ: Núcleo SupraQuiasmático
PCP: Fenilciclidina
PES: Percepción ExraSensorial
PMAF: Patrón Motor de Acción Fija
RMN: Resonancia Magnética
SGPA: Sustancia Gris PeriAcueductal
SNP: Sistema Nervioso Periférico
SRAA: Sistema Reticular Activador Ascendente
TEN: Teoría De La Epistemología Neuronal
TEP: Tomografía por Emisión de Positrones
ToM: Teoría de la Mente.

XXII

In my childhood I experienced spontaneously some of those blissful moments when the world appeared suddenly in a new brilliant light and I had the feeling of being included in its wonder and indescribable beauty. They remained in my memory as extraordinary experiences of untold happiness, but only after the discovery of LSD did I grasp their meaning and existential importance.

Albert Hofmann, Ph. D.
"LSD as a Spiritual Aid", 2001.

The most important concept of Riemannian geometry, "space curvature", on which the gravitational equations are also based, is based exclusively on the "affine correlation". If one is given in a continuum, without first proceeding from a metric, it constitutes a generalization of Riemannian geometry but which still retains the most important derived parameters. By seeking the simplest differential equations which can be obeyed by an affine correlation there is reason to hope that a generalization of the gravitation equations will be found which includes the laws of the electromagnetic field.

Albert Einstein, *1923*.
Lecture delivered to the Nordic Assembly of Naturalists at Gothenburg*

MODULO 59

ESTADOS ALTERADOS Y AMPLIACIONES DE LA CONCIENCIA

Aunque todavía no se han logrado evidenciar por completo los mecanismos fundamentales de algunos modelos del funcionamiento de la mente, las neurociencias y la neurobiología

> Los EAC, Estados Amplificados de la Conciencia, deben ser estudiados con todo el rigor del método científico

experimental comparativa, brindan ciertas ideas científicamente comprobadas, haciendo buen uso de las herramientas de la electrofisiología, histoquímica, neurobiología molecular y neuroimagen. De esta forma, se acercan objetivamente al intrincado enigma que representa la función subliminal de las neuronas durante los estados alterados de la conciencia.

Existen patrones subliminales de estados neuronales que aparentemente son el sustento del escepticismo científico, demostrados por signologías que aparecen en reportes de revistas no neurocientíficas, pero que demuestran la probabilidad de su existencia mediante metodología científica alterna, situación que no se debe soslayar sino enfrentarse. Ante este paradigma, al investigador no le queda otro camino que refutar o aceptar el cúmulo de fenómenos entre los que gozan de mayor probabilidad de creencia: la hipnosis, las pruebas con cartas *Zenner* sobre telepatía, las videncias y premoniciones, la psicocinesis y, muy especialmente, los estados derivados del misticismo y la curación psíquica, en su variante conocida como la cirugía psíquica. Lo que se plantea en este pasaje capitular es sólo una probabilidad de aceptar o negar la existencia de tales fenómenos, mismos que indudablemente presentan variaciones en la actividad cerebral y en el intelecto de la persona que los posee, independientemente de sus inclinaciones espirituales o de patrones conductuales que le son subyacentes.

El cúmulo de teorías que son parte de una trascendental polémica han sido continuamente discutidas por los doctores Marilyn Schlitz, del Instituto de Ciencias Noéticas, y Charles T. Tart, del Instituto de Psicología Transpersonal de la Universidad de California, quienes, con base en su reconocida experiencia de casi cuatro décadas de investigación, defienden trabajos experimentales en búsqueda de una comprensión de la fenomenología conciencial en cuanto a la percepción extrasensorial (Schlitz & Tart, 2004). El hecho de que, dentro del marco de los seminarios que se realizan anualmente por vanguardistas investigadores en conciencia en las conocidas conferencias del grupo de Tucson, liderados por Stuart Hameroff, David Chalmers, Roger Penrose, entre otros, se haya dado espacio para entablar debates formales, es una muestra de la probabilidad de que dichos fenómenos puedan ser analizados críticamente (Hameroff et al, 1994, 2014).

> Desde una perspectiva cognitiva, pocos protocolos se han dirigido hacia el cuestionamiento neurofisiológico de los eventos subliminales que acompañan los estados amplificados de la conciencia.

El primer acercamiento a la probabilidad de su existencia es, sin duda, el enfoque metafísico. ¿Y quién dice que a la ciencia no hay que entenderla desde todas las posibilidades, incluso la metafísica? Para no ir muy lejos, el connotado epistemólogo Ludwig Wittgenstein (1889-1951) opinaba que la metafísica tenía el color subjetivo de la conciencia.

> El estudio de todo fenómeno metafísico debe ser bajo protocolo científico.

Según él, las palabras verde, rojo, azul, blanco, etc., podían tener más significados, y no necesariamente un color, pues todo radicaba en lo que denominó *«las concordanc ias de nuestras reacciones respecto al sinsentido del universo»*, ya que la conciencia humana es un ente de la transformación (Wittgenstein, 1951). Henri Bergson, un poco más mesurado en los seguimientos metafísicos, basaba sus especulaciones sobre su bien divulgada psicodinámica conciencial en los conceptos clásicos del fluido conciencial de William James. Por tanto, la conciencia "nunca es estática". El lector no es el mismo, antes y después de hojear u ojear este libro.

Tan sólo en el acaecido siglo XX, algunos notables y reconocidos científicos han confrontado los saberes aristotélicos con las teorías metafísicas cartesianas y kantianas (James, 1901; Husserl, 1913; Bergson, 1929; Jaspers, 1935; Wittgenstein, 1951; Popper & Eccles, 1977; Churchland, 2003). Aunque hay un espacio transdimensional de la metafísica que aborda lo espiritual, escudado a través de los siglos, en autoridades literarias un poco más místicas y que son del dominio público, es sabido que las manifestaciones de esas cualidades metafísicas son emanadas de la propia mente, en un fenómeno semejante a la "Fe", pudiendo confundirse entre lo ficticio y lo concreto. La abstracción de ese conocimiento es parte de la cultura popular, pero también es parte de comercializaciones que podrían depender ostensiblemente del hipermercado espiritual, al que gran parte de la población recurre en alguna parte de su vida.

Se puede tener fe en uno o varios conceptos, pero las creencias que fundamentan esa fe, tienen diferentes razonamientos. La delgada línea entre los ficticio y lo real, en especial el *positio* de la ficción, confabula en esta premisa: "no es mentira porque existe, y puede existir porque es una mentira". En tal sentido, la verdad se confunde con su oponente semántico y nos deja de frente ante nuestras herramientas: la dilucidación de la razón por medio de la experimentación. ¡No hay de otra!

> Las creencias y la fe, son dos aspectos distintos, que deben ser estudiados con un abordaje neuro epistémico.

59.1. EL MISTICISMO Y LOS SACRAMENTOS PSICOACTIVOS.

El misticismo es un estado mental, naturalmente relacionado con el entorno espiritual del individuo. En tal proyección, el ser puede alcanzar sensaciones internas compatibles con Estados Amplificados de la Conciencia (EAC). En términos neuronales, un estado de convicción mística es cognitiva y emocionalmente asociado a las creencias.

> Son las creencias religiosas, un elemento de estudio para entender el misticismo?

Las creencias en general, pero aún más, las religiosas; gozan de un especial arraigo a cosmovisiones de estirpe sociotradicionales. Son producto de pensamientos caracterizados por introspecciones, tendencias y cavilaciones cosmogónicas y teogónicas de diversas culturas, integrnando así, rasgos esenciales comportamentales en grupos humanos. Basados en estudios en los que las imágenes funcionales evidencian protocolos orientados a responder preguntas relacionadas con los estados místicos (Kapogiannis et al, 2009), con conceptos neurofilosóficos asociados a creencias fenoménicas (Chalmers, 2003) y analizando el misticismo en las llamadas experiencias religiosas (James, 1901, Newberg & Waldman, 2006, Beauregard & O'Leary, 2007). Todos estos aspectos, forman parte de unidades de análisis neuroepistémicas, que ameritan ser estudiadas junto con la cognición social, la neuroespiritualidad y la neuroteología; elementos que transitan e integran el ser conciencial (Wallace, 2011, Zambrano, 2012, Austin, 2013).

En la división de medicina nuclear del centro médico de la Universidad de Pensilvania, Andrew Newberg y su grupo realizaron diversos estudios para desenmascarar la actividad neuronal del individuo místico y las estructuras que implementan la amplificación de estados concienciales.

Para enfrentarse a tal paradigma, estudió ocho monjes tibetanos, a los que se inyectó una sustancia de contraste, para poder ser analizados científicamente, arrojando datos interesantes tras sesiones de una hora de meditación (Newberg et al, 2001).

> En los estados místicos y de meditación, hay actividad cortical prefrontal, talámica y del lóbulo parietal superior.

La conclusión general de las diferentes aproximaciones a estos estudios aun no son muy concluyentes. Sin embargo, los exámenes con SPECT, realizados en bonzos demostró actividad en giro cingulado, corteza orbito frontal, corteza prefrontal dorsolateral (CPFDL) y tálamo; que, observadas separadamente, son activadas en procesos de memoria y toma de decisiones. La implicación en estructuras de índole cognitivo-afectiva han sido discutidas ampliamente por diversos grupos de estudio (Newberg & Waldman, 2006, Beauregard & O'Leary, 2007, Fontana, 2007, Kapogianis et al, 2009, Wallace, 2011, Zambrano, 2012, Austin, 2013).

Los estudios clásicos describen que existe mayor índice de consumo metabólico en estas zonas, o qué variantes tienen con respecto a diferentes tareas de índole cognitivo. Para estos autores, el incremento del flujo sanguíneo cerebral en áreas frontales y talámicas representa la interacción continua de los circuitos tálamo–corticales durante la meditación. La correlación entre CDLPF y el lóbulo parietal superior refleja los sentidos alterados del espacio durante la meditación experimentada (Newberg, 2003), que con estudios posteriores se han evidenciado en giro cingulado, COF, tálamo, lóbulo parietal, CPFDL, amígdala y ganglios basales (Newberg et al, 2010).

> Durante la meditación hay también actividad neuronal cortical y subcortical.

Las nuevas concepciones de una incipiente epistemología neuroteológica se preguntan constantemente, ¿qué es lo sagrado? La representación mental es sagrada y nada es sagrado. Las nociones filosóficas de la religión, las creencias y tradiciones están íntimamente ligadas al misticismo, el cual se apoya en la revelación de ciertos conocimientos superiores ajenos a la imaginación y, por supuesto, con la fe en fuerzas superiores. El filósofo Thomas Metzinger piensa que la mente es un resultado a explicar de la evolución humana y, por lo tanto, tiene un carácter subjetivo (Metzinger, 2003).

En busca de una epistemología neuroteológica (Zambrano, 2012, 2014), o la modificación de redes neuronales mediante la meditación, existen antecedentes de estudio en practicantes de monasterios. El protocolo, estudia individuos con promedios de 20-30 mil horas de ejercicio contemplativo. Esto es, bonzos tibetanos que dedican alrededor de 6-8 horas diarias de meditación por 365 días durante 10 años, y superando las 50 mil horas en cerebros con mayor ejercicio meditativo (15-20 años). Mathieu Ricard, biólogo molecular occidental, con miles de horas en meditación monacal dentro del mismo protocolo, reporta actividad con sus compañeros alcanzando 25 a 42 Hz en región frontoparietal, mientras se invocaban pensamientos zen-positivos (Lutz et al, 2004, 2008).

> Una de las áreas de la epistemología neuro-teológica, pretende estudiar los principios de plasticidad sináptica generados durante por prácticas místicas y de meditación.

Este tipo de disciplina budista, como el Zen, ha sido analizada con diversos abordajes (Wallace, 2007, Austin, 2013). En términos comparativos, la neuroteología estudia poblaciones orientales con creencias cristianas y budistas. Un protocolo interesante, describe las reacciones de las redes neuronales cuando se asocian pensamientos de los ideólogos de determinada religión, con aumento de metabolismo cerebral en CPFVM, CPFDM y giro cingulado en sus porciones anterior y posterior (CCA-CCP) (Han et al, 2010).

Una aproximación radical a las acepciones de la neuroteología, puede trascender a las creencias del individuo. Por ejemplo, el poder de la naturaleza es evidente, pero el hombre, la modifica de acuerdo a sus convicciones y acciones. Ante esta verdad, es interesante reconocer que el hombre transforma la naturaleza a su imagen y semejanza; es decir, de una manera brutal. Las creencias y la meditación podrían obrar en forma más constructiva. Sin embargo, el hombre continúa su camino hacia su propia evolución-destrucción. En consecuencia, los fenómenos naturales catastróficos cobran su factura con el efecto invernadero del calentamiento global, la destrucción de la capa de ozono, los biodigestores de gas y los retos tecnológicos, biocibernéticos, neogenéticos, entre otros que siempre tendrán el punto de apoyo en la triada GNR, o sea: Genética, Nanotecnología y Robótica (Zambrano, 2012).

> La neuroteología puede comprenderse como parte de la evolución espiritual del individuo.

Finalmente, la física parece tener en sus manos parte de la respuesta, ya que la emergencia del cosmos explicaría que, irreductiblemente, somos parte infinitesimal de la fenomenología atómica, justificando así al *big-bang* como segmento de esa misma naturaleza y en algunas redes neuronales, este principio biológico-evolutivo podría enfrentar conflictos de esencia neuroteológica.

La iluminación tántrica puede emanar de revelaciones superiores, y aquellos quienes practican sagradamente la lectura de los textos clásicos de la doctrina budista, o *sutras* de la disciplina Zen, con un cerebro entrenado, podrían alcanzar sensaciones placenteras similares al orgasmo sexual dentro de un contexto religioso, teniendo como consecuencia la activación dopaminérgica en los núcleos de la región septal (Zambrano, 2012, 2014 b).

Otras formas de revelación son históricamente relatadas, y tienen un fundamento un poco más orientado a la psicopatología; esto es, un fundamento neurológico para las creencias y el misticismo. Calígula recibía iluminaciones de sus dioses cada vez que realizaba sacrificios o perseguía a Drusila en los jardines imperiales; hoy es sabido que, sin duda, tenía una enfermedad mental grave, que le ocasionaba serios problemas alucinatorios. Los arúspices veteranos que adivinaban el futuro de Tiberio César en la isla de Capri, en el año 36 DC, recibían revelaciones analizando las tripas de los difuntos traidores al divino emperador. La historia refiere que el

> La iluminación tántrica y la dilucidación de su influencia en la modificación de redes neuronales, es una esencial preocupación neuro epistémica..

legendario emperador Marco Antonio, embelesado por Cleopatra, refería tener experiencias y contactos con dios; pero en realidad, hoy se sabe que la epilepsia era muy común entre los césares romanos, y la famosa caída del caballo padecida por el apóstol Pablo, narrada como la causa de su conversión al cristianismo (Hechos de los Apóstoles, 9), pudo ser parte de un fenómeno convulsivo de tres fases, y haber recibido el "aura" divina en el período preictal (Zambrano, 2014 c).

William James, muy tempranamente, con precisión en la serie de conferencias Gifford de 1901, celebradas en Edimburgo, relacionaba los vínculos entre cerebro y religión como parte ineludible de la condición humana. Según sus profundas abstracciones, la conversión, abierta a cualquier tipo de creencia, se debe a vínculos inconscientes para identificarse con uno mismo (James, 1901).

En la actualidad se conoce una entidad nosológica llamada epilepsia del lóbulo temporal, en la que una de las sintomatologías más concurrentes es la inclinación de los pacientes a pensamientos místicos y metafísicos. En tan peculiar patología se han realizado elegantes experimentos neurocientíficos sobre la vectorialidad de los hemisferios cerebrales y

> Existen entidades neuro Patológicas que favorecen actitudes místicas.

el índice de conversiones místicas durante las convulsiones (Persinger, 1993) y que frecuentemente se asocia a esquizofrenia y pensamientos mesiánicos (Goldwerth, 1993; Carbon & Correll, 2014).

Fig 18.1 William James, uno de los pilares del estudio pragmático de la conciencia y su análisis perspicaz sobre las variedades de experiencias religiosas en relación con los estados amplificados.

El mismo Andrew Newberg, en su libro *"Why God Won't Go Away"*[1], explica que en la mente del individuo podría existir un espacio para la creencia, independientemente del culto que se profese (Newberg *et al*, 2001). El hecho de creer o no creer, incluso en sí mismo o en las probabilidades de ejecución motora o intelectual de un individuo o animal,

---

[1] T. del A.: "Por qué Dios no se larga". Newberg A, D'Aquili, E, & Rause V (2001) Why God Won't Go Away: Brain Science and the Biology of Belief. New York: Ballantine Books.

requieren de una advertencia mental previa. El entrenamiento de la mente basa sus acciones modificatorias en las propiedades emanadas de los principios de la plasticidad sináptica. Un canario, por ejemplo, puede cambiar de repertorio musical cada temporada estacional, transformando por completo sus redes neuronales (Nottebohm, 2002; Sizemore & Perkel, 2011). Durante este milenio, la probable ubicación de los sentimientos religiosos es continuamente estudiada, especialmente en entidades neuropatológicas como la descrita epilepsia refractaria, en la que han sido involucradas estructuras hipocampales sin la participación de la amígdala (Wuerfel *et al*, 2004). Ello indica que cierta esencia adosada a algunos fenómenos de creencias se asociado con sistemas de memoria explícita, pudiendo sugerir la carencia de cualidades propias de la memoria emocional.

> Los estados místicos y las creencias asociadas a sugestión, pueden desencadenar actividad cortical modificando la interacción sináptica en estructuras asociadas a la conciencia.

Jesucristo posiblemente tenía un gran desarrollo sináptico de la corteza orbitofrontal, responsable de la toma de decisiones. En sus constantes viajes hacia el oriente, realizados entre los 12 y los 30 años (los 18 años de mayor generación neurohormonal), habría experimentado toda clase de procesos de aprendizaje, que incluían el budismo y otras disciplinas de meditación, ejercitando sin duda la generalidad de la región límbica, y de manera particular el giro cingulado y la CPFDL.

Su fortalecimiento sináptico, y seguramente la gran riqueza de receptores Adrenérgicos, Serotoninérgicos y Dopaminérgicos principalmente, además de los muy especiales canales-receptores NMDA, pudieron otorgarle un considerable conocimiento en lenguas extranjeras, y la capacidad para almacenarlas en áreas específicas del cerebro involucradas con funciones de alto orden como el lenguaje articulado y el procesamiento neurolingüístico de raíces etimológicas (Zambrano, 2012). Para todo ello, además debió contar no sólo con la modulación inhibitoria de GABA y Glicina, sino con otro milagro evolutivo, una excelente homeostasis neuronal principalmente del divalente catión calcio, y muy buena participación de otro ión, el fósforo; así como un excelente control de la programación neuropeptídica previamente determinada, y un magnífico acoplamiento proteico de todo tipo de moléculas, en especial CREB, y fijadoras de calcio como Calbindina (ver Figura 18.2).

> El fortalecimiento sináptico post-experiencias místicas, favorece sustancialmente mecanismos de aprendizaje en la formación de nuevas redes neuronales.

Como se sabe, cualquiera de nosotros cuenta también con tales elementos. El resto depende de la sugestión resultante e intercambio de pensamientos entre primera y tercera persona, emulando el modelo de la teoría de la mente planteada por Premack, Frith y correligionarios, aunada a las interesantes ventajas que habría aprendido a desarrollar dentro de lo que hasta hace unos años, Stephen P. Stich bautizaba como Psicología Popular.

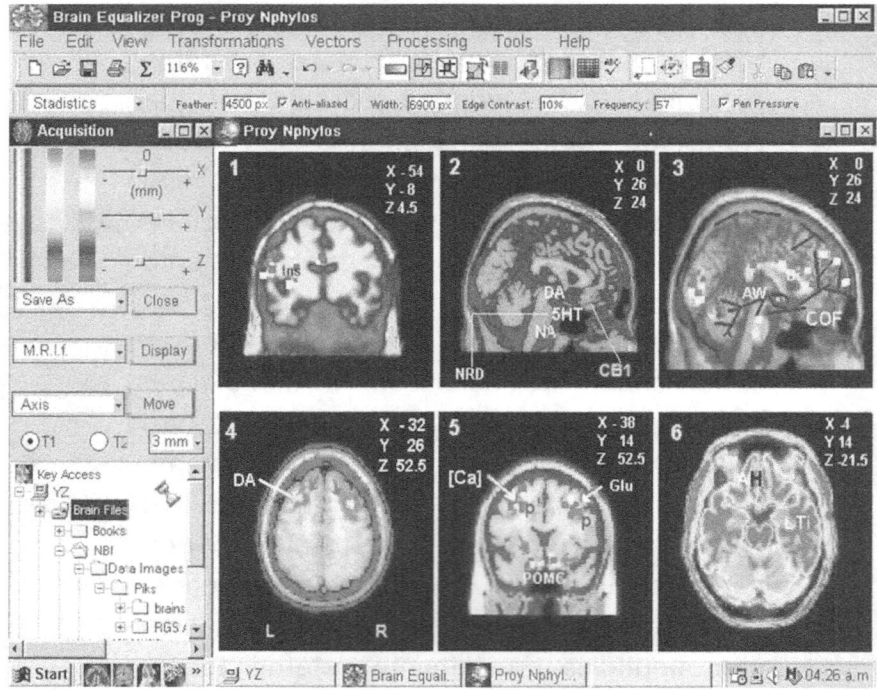

Fig 18.2 Actividad simulada por RMNf*, de las interacciones predictivas en la CPFDL durante EAC. La alta densidad en neuronas piramidales de la CPFDL con notables niveles dopaminérgicos, integra facultades cognitivas que pueden asociarse con fenomenología anticipatoria intelectual. En adquisición 1, la actividad especial del giro cingulado, en la corteza cingulada anterior (**CCA**) y en el área evaluativa visuoespacial de la Corteza cingulada posterior (señalada en adquisición 3). Las coordenadas corresponden a AB 44.45, área de *Broca* y se alcanza a evidenciar actividad insular izquierda.. En simulación 2, actividad

---

*** Ver **mención referencial** sobre el simulador de RMN y su aplicación didáctica, en páginas de introducción general.

hipotética de altas concentraciones de neurotransmisores. CB1 indica niveles de receptores a endocanabinoides activados naturalmente y asociados con patrones de sueño y en específicos estados de conciencia y cognición. En imagen 3, consumo metabólico de AB 4,6 y 8, AB 9, 10 y 46, así como de áreas parahipocampales (**COF**, corteza órbitofrontal, CCA y CCP) y vía ventrotegmental (líneas azules), con respecto a Corteza visual primaria (V1) o vías de procesamiento semántico. 4). Actividad dopaminérigica en cortex premotor y CPF. 5). Ilustra índices de fosforilación y participación de Glutamato en funciones predictivas. La POMC, es un interesante péptido que regula el control de actividades neurovegetativas en hipotálamo incluidas las del control de la ingesta, asociado a receptores a anandamida y CB1. En 6, la sensibilidad hipotalámica y actividad del Lti, reflejando intensidades experienciales de prevalencia límbica. (**Br**, Area de Broca y **AW**, Area de Wernicke). **Ins**, ínsula izquierda, implicada en la integración semántica, además de su importancia conciencial. **DA**, Dopamina; **GLU**, Glutamato; **NA**, Noradrenalina. Las vías inhibitorias en Azul donde existe mayor densidad de neuronas GABAérgicas y Glicinérgicas. **NRD,** Núcleo de Rafé Dorsal. **5HT,** Receptor a Serotonina, **POMC**, Pro-Opio-MelanoCortina; **CB1**, receptor a endocanabinoides **NMDA**, receptor a glutamato. La flecha indica participación del calcio en receptores NMDA y sus proteínas fijadoras. **AH**, Actividad hipotalámica y **LTi**, Lóbulo Temporal Inferior. X, Y, Z, son coordenadas estereotáxicas (Ver texto).

Los elementos que fortalecen neurobiológicamente tal imaginario colectivo incluyen por supuesto, las creencias, las convicciones propias asociadas al sí mismo y también el desarrollo de las facultades del libre arbitrio durante el desarrollo bio-psicosocial del individuo, que igualmente pueden funcionar en especies inferiores.

59.1.1. EL CEREBRO DURANTE EL LSD Y LAS DINÁMICAS DE LA PSIQUE ADICTIVA

La química de las drogas que alteran la mente siempre nos conducirá desde el punto de vista analítico a las vías serotoninérgicas principalmente, y a los mecanismos de adicción que pueden ser desencadenados con una sola experiencia, dependiendo de los grados de afinidad y sensibilización neuronal que tenga cada individuo. Previamente hemos descrito que la dietilamida del ácido lisérgico, LSD, se fija a receptores monoaminérgicos como el 5HT2A y en subtipos de receptores adrenérgicos (Zambrano, 2014 d).

> El descubrimiento accidental de los efectos psicodélicos del LSD, estimuló la investigación crítica en este campo.

Indudablemente, Albert Hofmann, una de las autoridades en el manejo filosófico y experimental en toda la extensión de la palabra, no sólo por ser quien concibió por primera vez y de modo serendipítico el efecto del LSD, sino por la relevancia en sus análisis posteriores durante gran parte del siglo pasado, parece tener lineamientos muy claros respecto del problema extático de los psicodislépticos, y en particular de su perfil terapéutico (Hofmann, 1983). Entre las moléculas adictivas que más inducen experiencias psicodélicas, con espectaculares efectos cercanos al descrito por los mismos experimentadores como el éxtasis máximo, y en algunos casos como «el descubrimiento de los sentidos del verdadero amor», se encuentra el LSD 25, la sustancia de gran sensibilidad a receptores serotoninérgicos, accidentalmente ingerida por Hofmann (Bishop, 1999).

Instalación de Sintomatología Alucinatoria.

Last Friday, April 16, 1943,

I was forced to interrupt my work in the laboratory in the middle of the afternoon and proceed home, being affected by a remarkable restlessness, combined with slight dizziness... My surroundings had now transformed themselves in more terrifying ways.

Everything in the room spun around and the familiar objects and pieces of furniture assumed grotesque, threatening forms.

They were in continuous motion, animated, as if driven by an inner restlessness. The lady next door, whom I scarcely recognized... she was no longer Mrs. R, but rather a malevolent, insidious witch with a colored mask.

Psicosis Bipolar: Desintegración del Ser y Psicodelia

Every exertion of my will, every attempt to put an end to the disintegration of the outer world and the dissolution of my ego, seemed to be wasted effort. A demon had invaded me, had taken possession of my body, mind and soul... Now, little by little I could begin to enjoy... kaleidoscopic, fantastic images surged in on me, alternating, variegated, opening and then closing themselves in circles and spirals, exploding in colored fountains, rearranging and hybridizing themselves in constant flux.

Efecto Sinestésico

It was particularly remarkable how every acoustic perception, such as the sound of a door handle or a passing automobile, became transformed into optical perceptions. Every sound generated a vividly changing image, with its own consistent form and color.

Sensación de Renacer

... a sensation of well-being and renewed life flowed through me... everything glistened and sparkled in a fresh light. The world was as if newly created. All my senses vibrated in a condition of highest sensitivity...

Tomado de las primeras descripciones escritas
a su jefe inmediato Arthur Stoll (Hofmann, 1983).

> El uso polémico del ácido lisérgico con opciones terapéuticas de rehabilitación de algunos padecimientos neuróticos, se apoya en numerosas casuísticas científicamente corroboradas.

Grandes escuelas como la de Stanislav Grof se han preocupado por despejar la importancia de la relación inconsciente que surge entre psicoterapia y LSD (Grof, 1994, 2009). El trabajo de Grof en el Centro de Investigación Psiquiátrica de Praga, entre 1960 y 1967, involucró a 50 pacientes que, en conjunto, sumaban más de 2500 sesiones individuales de experimentación con LSD, diagnosticando con rigor científico los cambios en la personalidad que sufrían estos individuos, especialmente en el área mística (Furst, 1972; Grof, 2009). Una casuística no menos portentosa fue realizada por Lester Grinspoon y James Bakalar, en alrededor de 40 mil pacientes; incluía enfermedades psicosomáticas, trastornos neuróticos, psicosis esquizofrénicas y autísticas, rehabilitación de alcohólicos y drogadictos en clamorosos testimonios, y hasta el legendario actor hollywoodense Cary Grant relataba su "transformación", ¡en sus primeras cien sesiones! Todos ellos fueron reportados objetivamente en más de mil artículos clínicos durante 15 años, entre 1950 y 1965 (Grinspoon & Bakalar, 1997).

Las alternativas terapéuticas que se cimbran bajo el amparo del ritual del sacramento psicoactivo comprenden también la escuela de la psiquiatría ecléctica promulgada por Rudolf Kaelbing y Ralf Patterson, quienes piensan que la psiquiatría no tiene los componentes meramente bioquímicos, sociales y genéticos, sino también los espirituales. Refieren, por ejemplo, que el espíritu es más ancestral que el deseo de experimentar, y que la mescalina, que abunda en el cactus del peyote, es parte filogenética de los pueblos amerindios. En pruebas con Psilocibina y Mescalina, algunos investigadores han reportado sujetos en experimentación que sostienen diálogos con Dios, y que encuentran el verdadero sustento de la energía, mientras se produce interacción de las sustancias con los receptores cerebrales (Roquet *et al*, 1976). Uno de los primeros observadores que aplicó el método científico a las experiencias vividas bajo el efecto mescalínico fue el notable investigador Heinrich Klüver (1897-1979), quien relata, después de analizar su experiencia con figuras geométricas y colores cotidianos, que el resultado más evidente al ingerir la

> Las llamadas experiencias religiosas, han sido consideradas como un símil de los estados amplificados de conciencia relacionados con el misticismo enteógeno y los sacramentos psicoactivos.

sustancia es la presencia de alucinaciones visuales (Klüver, 1966)[2].

La mescalina, al igual que el LSD, se fija a receptores de Serotonina, especialmente 5HT2 A y 5HT2C. Las experiencias se describen según los autores como *Plus four*, n (++++), según el grado de efectos psicodélicos, en una escala de uno a cuatro; o, lo que es lo mismo, según cultura o misticismo, en *"samhadi" ivresse divine, satori, nirvana, éxtasis, o etérea experiencia religiosa* (Shulgin & Shulgin, 1991). La participación del receptor NMDA en la generación de fenómenos alucinatorios, probados farmacológicamente por el uso de PCP, ha sido descrita previamente como simple referencia de una de las muchas bases neurales para la cognición ultrasensorial (Gouzouliz-Mayfrank et al, 2005*)*. Los investigadores, preocupados por la fuerte adicción que presentan no sólo el LSD, sino la MDA y la popularísima MDMA (satanizada por los medios como "éxtasis"), y otras dextroanfetáminas metiladas, a las que Ann y Sasha Shulgin llama la sombra alternativa de la nueva psicoterapia (Shulgin, 2001), además de la DMT, denominada por

> El receptor más idóneo en el sistema nervioso con gran afinidad por las sustancias psicoactivas alucinógenas, es el de serotonina, especialmente el 5HT2A.

---

[2] Cuando Heinrich Klüver tenía 21 años (1918), la mescalina empezó a estar disponible. Dos años después, inició su período de autoexperimentación con la sustancia. En 1928, se publicó la primera edición de *Mezcal and Mechanisms of Hallucinations*.

los investigadores como la molécula del espíritu (Strasmman, 1989), tratan de entender psicoterapéuticamente el origen mental de los llamados "malos viajes", y encontrar el sustento del conflicto que lo ocasiona (Naranjo, 1973).

Según ellos, cuando llega la comprensión de la experiencia extática, las actitudes y creencias respecto de la psicoterapia espiritual a la que se han sometido tiene tan profundos cambios que los sujetos entran en una especie de choque consigo mismos, que no tienen que ver nada con sentimientos de culpa o algo externo, sino con fundamentos más interiores y espirituales (Grof, 2001). El interés, entonces, por mantener un nivel positivo de este hábito es, sin duda, la cercanía a las experiencias religiosas que describía con anterioridad William James, y que podrían ser el fundamento de una forma de psicoterapia basada en el santo ritual de aproximarse a recibir solemnemente y sin pero alguno los consagrados sacramentos psicoactivos (Roberts, 2001). Para Claudio Naranjo, la psicoterapia, el misticismo o el esoterismo, son simples estadios que se recorren en una escala para alcanzar la expansión de la conciencia, la integración y la autorrealización. No obstante, para J. Allan Hobson, el concepto de experiencias grotescas o desalentadoras con el uso de

> Una conciencia mística, puede ser más susceptible a las modificaciones sinápticas que constituyen los EAC.

psicoactivos sólo se debe a la interacción que éstos tienen sobre los receptores 5HT2, que ocasionan un incremento en la actividad del sistema dopaminérgico (Hobson, 2001).

Dentro del análisis de la psicobiología de la conciencia, la literatura psicodélica ha podido manifestarse constantemente, particularmente en el aspecto analítico. El uso y las implicaciones de las drogas alucinogénicas han sido un problema continuo a dilucidar en los últimos años (Aaronson & Osmond, 1971), no sólo por sus profundos contextos espirituales, sino igualmente por la necesidad inherente de promulgar que, en efecto, tienen una contraparte fisiopatológica, cuando menos de una semana, en todo los sistemas de alerta y vigilia del individuo.

> Los estimulantes artificiales de EAC, son generadores de experiencias místicas.

Los neurodislépticos ocasionan, por tanto, magníficas aventuras en la química de la conciencia (Watts A, 1962). Y tal vez por esos mecanismos de afinidad es que comparten las mismas vías de señalización intracelular; entre ellas, la MDMA, PCP y LSD, que son reguladas por una fosfoproteína de 32 KD, la DARPP-32, teniendo actividad sinérgica con proteínas fosfatasas y marcadores genéticos como el CREB y cFOS (Svenningsson, Greengard *et al*, 2003).

En los tránsitos al autodescubrimiento, el humano se ha planteado, por naturaleza simple de ser pensante, dos interrogantes que lo determinan: quién soy y de dónde vengo. Además de otras preguntas más tangenciales sobre el mismo sustrato existencial en las que sólo hay que cambiar los verbos, Stanislav Grof parece darnos cierta razón sobre el particular enigma. La primera desazón es que existe un continuo círculo vicioso que predetermina ese deseo constante de auto-revelarnos, de escudriñar nuestro interior y, de forma más filogenética, el de conocernos en nuestras reacciones y emociones ante las contingencias del entorno. En una situación donde el individuo suele soñar, y donde busca constantemente la comprensión del *sí mismo*, se crean mecanismos de retribución psicológicos que equivalen a cierta paz interior (Ram Dass, 1971).

> La búsqueda constante del "ser" favorece la consolidación de estados misticos y un conocimiento más amplio del "sí mismo".

Huir, refugiarse o experimentar, parecen ser sinónimos de antaño descritos por los poetas o escritores sensibles. Basta con recordar al genial Antonin Artaud quien, antes de ser internado en el psiquiátrico de Rodez, donde pedía a gritos sus dosis de morfina, describió con suma presteza y basado en sus experiencia personales durante sus viajes a la Sierra Tarahumara la danza del peyote entre las etnias vecinas, incluida la *huichol*, como el fenómeno de sincretismo cósmico más cercano a la realidad interior (Artaud, 1936).

Fig 18.3 Farmacobotánica de la psicodelia amazónica y mesoamericana. 1. *Rivea corymbosa*, Ololiuhqui. 2. *Banisteriopsis caapi*, Ayahuasca. 3. *Lophophora williamsii*, Peyote. 4. *Papaver Rhoeas*, flor de la Amapola. 5. *Catha edulis*. El Khat, es una contribución del antiguo continente con propiedades narcóticas.

Gordon Wasson, Carl P. Ruck, Jonathan Ott y correligionarios, plantean entonces la difusión y creación del término «Enteógeno» (Ruck et al, 1979, Wasson et al, 2008), para nombrar a esas sustancias alternas que el hombre experimenta para crear imágenes alucinatorias de sí mismo en proyecciones psicodélicas, que tienen como objetivo final el autoconocimiento en condiciones de amplificación conciencial y comunicación divina (Ott, 1993). Según Ott, difusor del término con trascendentales títulos, el vocablo proviene del griego antiguo (entheos, ενθεοσ), cuando los poetas y chamanes iluminados, recibían inspiración profética del estado inducido por las plantas sagradas dotadas de acción farmacológica enteogénica, que los conducía al encuentro con los dioses (Ruck et al, 1979).

> El término enteógeno, relaciona las experiencias místicas con los sacramentos psicoactivos y los EAC artificiales.

A partir de la guerra fría, los autores interesados en este tema abrieron sus puertas a la divulgación, enfrentándose a los análogos del LSD como la «Ayahuasca[3]» amazónica, y denominándolos –muy a su manera– como enteógenos que provee la diosa *"Gaea"*, para indicar que el humano, desde tiempos inmemoriales, busca en su imaginación el ideal libertario de sus represiones (Ott, 1994).

---

[3] Voz quechua tradicionalmente comprendida como "enredadera del alma". Entre las etnias del trapecio amazónico es la designación original del Yagé.

> Un conocimiento fundamental en etnobotánica ayuda a comprender el concepto de enteogénesis.

En una concepción más bien curativa, el polémico Ralph Metzner describe que el espíritu de la naturaleza de las experiencias con ayahuasca (*Banisteriopsis caapi*) exacerban las propiedades de sabiduría *shamánica*, otorgándole poderes para espantar a los malos espíritus. La *"ololiuhqui"*[4] (*Rivea Corymbosa*), también llamada "semilla de la virgen", aún es reconocida como un potente psicoactivo en ciertas regiones mesoamericanas y amazónicas; lo que hace pensar que en términos históricos, solo para algunos iluminados, la excelsa pluridiversidad farmacobotánica de tal región, era el famoso tesoro de *"El dorado"*, que tan desquiciadamente procuraron nuestros conquistadores hispanos.

---

[4] Nombre Náhuatl que significa "semilla redonda". En 1651, el médico privado del rey de España redactó: "Es una hierba trepadora con hojas delgadas, verdes cordiformes, flores largas y blancas... La semilla tiene algunos usos medicinales... cundo se bebe actúa como afrodisíaco... antiguamente cuando los sacerdotes querían comunicarse con sus dioses, comían de esta planta para provocar el delirio". Extractado del documento epistolar redactado entre 1953 y 1963 por William Burroughs y Allen Ginsberg: *"The Yagé Letters"*. Traducción al español: Edit. El hombre que lee. Burroughs W & Ginsberg A (2000). «Cartas del Yagé. Correspondencia sobre experiencias con plantas psicoactivas suramericanas.»

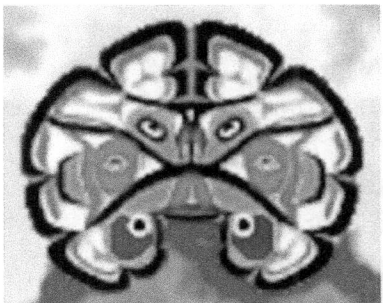

Fig 18.4 Antecedentes *shamánicos* en la Cultura Maya. El original de este documento mural se encuentra dentro de los templos sagrados en la zona arqueológica de Palenque, e ilustra a un jerárquico sacerdote posiblemente perteneciente a la corte del rey Pakal. La modificación artística presenta al sabio hechicero ataviado con ornamentos a la usanza de una ceremonia ritual, que presumiblemente bajo el influjo de algunas sustancias podía utilizar para ahuyentar las *"ánimas non gratas"* y curar enfermedades fatales, así como predecir catástrofes o bienaventuranzas naturales. Arriba, Icono *shamánico* con caracteres proclives a la psicodelia, dentro de una silueta encefálica. Obsérvese el rostro dentro de la figura (lo que brinda una idea de despersonalización), el sincretismo geométrico y la tendencia a la transfiguración virtual.

Los estados *shamánicos*, y mejor el denominado *shamanismo* psicodélico, se evocan a partir de tradiciones actualmente vigentes, cuyo fundamento son las experiencias místicas primitivas que pueden ser alcanzadas por psilocibina, mescalina, junto con precursores naturales de heroína, harmalina e ibogaína, a partir de sustancias naturalmente adictivas como las extraídas del Yagé, cuya acción permite un grado de conocimiento mayor, elevando tal condición a la categoría de brujo sapiente, el cual constantemente puede explicar con gran discernimiento la constante lucha entre cuerpo y alma (Eliade, 1964; Harner, 1973). Estas manifestaciones culturales son parte de la identificación ritual que Peter T. Furst denomina "carnada para dioses", y que puede explicar por sí sola la trascendencia de la investidura *shamánica* en mesoamérica tradicional y en otros lugares donde, efectivamente, el *shamán* es el reflejo del conjunto de todas las experiencias del Universo.

> La fármaco botánica, ayuda a comprender mecanismos que generan EAC artificiales.

A este respecto, la cosmovisión andino-amazónica tiene una espiritualidad un poco más inquieta cuando se trata de enfrentarse al Universo y a su dadivosidad. El caso de Pablo Amaringo ilustra los fenómenos transformacionales del hombre, cuando tomó el camino psicodélico de los *shamanes* amazónicos y vivió mucho tiempo bajo la influencia de Ayahuasca y el entorno esotérico de la pródiga farmacobotánica selvática.

En su libro de iconografía religiosa ayahuasca, el otrora hechicero, curandero y sabio de su comunidad, evidencia claramente mediante sus pinturas el tipo de experiencias religiosas que vivió en sus años de *shamán* (Luna & Amaringo, 1991). Durante el experimento hacia la contemplación dado por la Ayahuasca, ingresan principalmente sentimientos de rejuvenecimiento, e incluso de renacimiento (Metzner, 1999). Estos estados de alta transformación mejoran totalmente el estado de ánimo a corto plazo, pero con un uso crónico las personas que han alcanzado tal grado de transformación reestructuran principalmente su escala de valores, siendo parte ineludible del potencial catártico enteogénico que cataliza el desarrollo espiritual (Graf, 2001).

> El uso de enteógenos ha sido utilizado como terapia catártica de renovación y transformación espiritual.

Esto concuerda con estudios clásicos de los sesenta, en los que hay una relativa demostración de que la terapia psicodélica podría funcionar bajo algunos criterios. Es posible interpretar los comportamientos que se asocian a las ansiedades generadas por las profundas situaciones emocionales durante la terapia psicodélica. James Fadiman, de la Universidad de Stanford, opina que, según un estudio estadístico, el 68% de una muestra de 49 individuos que estaban en terapéutica constante de LSD disminuyeron sus estados de ansiedad considerablemente y que, en un término de 12 meses, el 80% de la muestra mejoró su seguridad en la toma de decisiones (Fadiman, 1965).

> El llamado *"éxtasis"*, una metadextrometa-Anfetamina, (MDMA), es considerado junto con la cocaína, como una sustancia de altísimo umbral adictivo.

El éxtasis es una vía al conocimiento, y Nicholas Saunders, autor del libro «E, de Extasis», piensa que hay que reconsiderar bastantes teorías subjetivas que se han venido desarrollando en las últimas décadas. Por ejemplo, la aventura extática, de alguna manera, siempre va a estar descrita como visionariamente lo hiciese W. James, semejando una experiencia religiosa (James, 1901). Entonces, probablemente el éxtasis tenga diferentes acepciones, no sólo materiales sino también espirituales. Para el misticismo, el modelo más extático parece ser la religión; escudado en sus creencias, el hombre es capaz de alcanzar estados superiores de amplificación conciencial (Tart, 1972). Empero, existen otras sustancias extáticas a las cuales el hombre puede recurrir, conocidas más por su importancia clínica, farmacológica y neurotóxica, como el MDMA, 3,4-metilenedioximetanfetamina (Lyles & Cadet, 2003; Litjens et al, 2014).

Grandes experimentadores en el campo, quienes se han convertido en autoridades a partir de sus libros, sugieren que definitivamente existe una pauta de aventura en el camino al éxtasis. Los autores se basan en los misterios Eleusianos de la antigua Grecia, en los que se supone que sus gloriosos, prolíficos e intelectuales habitantes podían aislar, desde ese tiempo, sustancias similares a la psilocibina y al LSD. A partir de estudios realizados por el etnobotánico Gordon Wasson, los expertos sugieren, sin comprometerse abiertamente, que los principios que rigen las visiones fantasmagóricas ligadas a la alucinogénesis de los hongos podría ser la misma causa por la que el conocido libro del Apocalipsis, escrito por San Juan de Patmos, habría sido elaborado bajo influjos derivados de la micolatría del apóstol (Wasson et al, 1978-2008). El sentido de un Dios inmanente y el interés que emerge, casi natural al individuo, parece llevarlo a la búsqueda de justificantes religiosos, como lo que se presentan en filosofías orientales como el hinduismo, el budismo tibetano o el Zen. La experiencia psicodélica puede llevar al individuo a transfigurarse, incluso dentro de su conciencia; a proyectarse como un cristo crucificado y expiar su comportamiento con las ideas que el ser tenga almacenadas en parte de su mente. Esto, al finalizar al viaje, lo transformará inevitablemente, puesto que ha tocado la muerte (Aaronson & Osmond, 1971), relacionando amplificación conciencial y sincretismo (Varela, 1997).

> Las sustancias enteógenas fortalecen redes neuronales de la creatividad y del conocimiento interior del ser.

Aldous Huxley anticipó con gran anterioridad que los caminos de la percepción, desde el punto de vista «de los químicos del cerebro», debían ser abiertos de la misma forma que se abre una puerta. Las alucinaciones *per sé* tienen un patrón de identificación comportamental, y el hecho de que la dualidad mente-cuerpo se enfrente a la capacidad de selección, hace que el camino pueda ser tan amplio como el antagonismo presente entre lo celestial y lo infernal, iniciando un interesante acercamiento a la neurofilosofía.

> Los EAC, integran también estados alucinatorios que pueden crear redes nuevas de plasticidad sináptica.

"Exponents of a Nothing-But philosophy will answer that, since changes in body chemistry can create the conditions favorable to visionary and mystical experiences...A similar conclusion will be reached by those whose philosophy is unduly 'spiritual'. God, they will insist, is a spirit and is to be worshiped in spirit. Therefore an experience which is chemically conditioned, cannot be an experience of the divine. Today we know how to lower the efficiency of the cerebral reducing valve by direct chemical action, and without the risk of inflicting serious damage on the psychophysical organism. ... Knowing as he does (or at least as he can know, if he so desires) what are the chemical conditions of transcendental experience, the aspiring mystic should turn for technical help to the specialists-in pharmacology, in biochemistry, in physiology and neurology." [5]

Tal vez como lo describen Stanislav y Cristina Grof, allí se encuentran las puertas de la conciencia, en el límite con la muerte y con lo desconocido. La droga es únicamente parte de una sesión; el resto requiere de una preparación espiritual.

---

[5] Huxley A (1956) *Heaven and Hell*. New York: Harper & Row.

Fig 18.5 Aldous Huxley (centro) y Tim Leary (der), dos exponentes académicos de la experimentación en sensopercepción bajo efectos psicodélicos. A la izquierda, la clásica foto de María Sabina y Gordon Wasson, captada por Allan Richardson, durante la cabalística "noche de San Juan", en Oaxaca, 1955. (Publicada en *"Life"*, hasta Mayo 13 de 1957). Posteriormente el galo Roger Heim, cultivaría rigurosamente tras varios protocolos experimentales, cepas de *psylocibe mexicana* en su propio laboratorio (Foto abajo de T. Leary). Luego, Albert Hofmann obtendría de ellos, el principio activo psilocina y hasta sintetizar siguiendo la vía de los indoles, a la psilocibina ((O-fosforil-4-hidroxi-N-dimetiltriptamina). De allí su afinidad neurofarmacológica por los receptores 5 HT.

Lo interesante de la acepción de la inmortalidad es que grandes conocedores del tema, como el profesor de Psicología en Harvard, Tim Leary, escribieron no sólo obras sobre la política del éxtasis, denunciando el rol demandante de los gobiernos por frenar el deseo de búsqueda del individuo, sino también experiencias cercanas a la muerte basadas en el mismo rol del misticismo (Leary, Metzner & Alpert, 1983).

Timothy Leary, PhD
The Politics of ECSTASY

Tim Leary, buscando la inmortalidad...

Ante estas discusiones, un tanto filosóficas, Hal Bridges describe en su sugerente título «*From William James to Zen*» las teorías clásicas del fluido conciencial y el camino hacia la verdadera iluminación (Bridges, 1994). Los místicos consideran fuente de éxtasis algunas de sus rutinas de meditación; por ejemplo, en el budismo tántrico, es referido que el *Mahayana* o *bodhisattva* tiene un potencial extático que conduce a conocimiento profundo y al conocimiento del vacío universal, lo que ellos consideran parte del *metta*, o la práctica para encontrar el camino del amor (Badiner & Grey, 2002).

Los antecedentes tibetanos del uso de psicodélicos se remontan a la palabra *cannabis*, cuyo nombre en sánscrito es (*So.Ma.Ra.Dza*) "*Soma-Rajá*" o *gran señor del Soma*. Los *shamanes* nepaleses (Jhankri) usan una gran variedad de pociones farmacológicas naturales, que incluyen somníferos, hipnotizantes y psicoactivos como *Papaver somniferum*, *Atropa belladonna*, o *Peganum harmala*, con alto efecto en la modulación de acetilcolina, serotonina y dopamina. Además, como budistas, experimentan el hongo alucinógeno soma, que es para los occidentales el *amanita muscaria* y más derivados de *psilocibina*, al igual que otros considerados peligrosos, como *Aconitum spp* o *Datura spp*.

Allan Hunt Badiner durante 18 años recopiló más de un centenar de plantas psicoactivas, con las que se llevaba a cabo constantemente el ritual de la recepción sacramental en diferentes comunidades; entre ellas, 108 especies de hongos alucinógenos, que facilitaban la comunicación enteogénica (Badiner & Grey, 2002). El hecho de tratar de conocer cómo trabajan los alucinógenos en el cerebro puede acercar el tema al conocido hongo de los irlandeses, referido entre ellos como «Soma», y que tiene un concepto cercano a la inmortalidad, encumbrándolo a la categoría de micolatría, idolatría por el hongo sagrado (Wasson, 1968; Wilson, 1999). Para Stella Kramrisch, insigne coautora del libro «La pregunta de Perséfone: Enteógenos y Orígenes de la Religión», el principio del actual "soma" irlandés, un conocido hongo alucinógeno, está íntimamente ligado con el *Amanita muscaria*, recibiendo el nombre de "kakulja" que existía hace miles de años en Mesopotamia, y que probablemente sea el religioso fruto prohibido que se describe en el Edén. De allí que haya sido Perséfone la deidad del bien y del mal, considerada la culpable de todos los males de la humanidad (Kramrisch et al, 1986).

Así la evolución espiritual del hombre, se busca en sus raíces y en sus manifestaciones ancestrales, su misticismo sagrado y en estrecha comunicación con la naturaleza. Parte de esas manifestaciones espirituales, en su mayoría tribales, se extrapolan a través de vías culturales y de cosmovisión tradicional hasta nuestros días, como en el caso del alto nivel conciencial y de espiritualidad que existe entre el pensamiento *rastafari*, que emergió con gran fuerza espiritual a finales de la década de 1930, con una propia jerga, vestido y comportamiento que los caracteriza, pero que actualmente está muy mal asociado de manera común con música afrocaribeña, y que en el fondo muestra un claro y provocador sistema de vida donde la independencia espiritual rige la *escencia* corporal (Chevannes, 1995).

Un interesante mecanismo lo presenta el « Khat » *(Catha Edulis)*, proveniente del oriente africano y de la península arábiga, que genera un estado de "extasis herbal" con muy bajo umbral alucinatorio mientras es mascado, de manera similar a la hoja de coca en los andes suramericanos. Su

> Algunas sustancias afines a receptores opioides, como el *"khat"*, disminuyen las sensaciones de hambre y dolor, produciendo en muy raras ocasiones fenómenos alucinatorios.

actividad dual, por un lado parece cumplir con dispositivos bloqueadores α1 adrenérgicos causando hiperactividad motora y de paso daño vascular endotelial en sus consumidores, gracias a su precursor natural, la catinona, generando una similaridad neurofarmacológica compatible con la anfetamina (Connor et al, 2002; Gunderson et al, 2013). En contraste, en su calidad de narcótico, tiene afinidad por la vía a receptores opioides (Nencini et al, 1984; Kalix & Braenden, 1985) especialmente en los receptores *Kappa*, ocasionando modificación en el procesamiento sensoperceptivo de la temperatura y el dolor, así como disminución en las consideraciones subjetivas que condicionan *stress,* alterando los mecanismos de ingesta alimenticia a nivel hipotalámico (Zambrano, 2014 C, E).

59.2 LA MECÁNICA NEURAL DE LOS ESTADOS ADICTIVOS

Los estados adictivos juegan un papel importante en la generación de niveles amplificados de la conciencia. Los fenómenos de dependencia entre anfetaminas y cocaína han sido revisados ampliamente en la literatura, y se entiende que actúan bajo la tutela de los receptores dopaminérgicos D1 y D2, que en ocasiones realizan intercambios de sustancias para garantizar la ejecución de los efectos causantes a nivel central de estas sustancias

> Las dinámicas neurales de los estados adictivos, son esenciales para entender los mecanismos neurofisiológicos de los EAC.

psicoactivas (Abi-Dargham, 2004) y también asociando actividad D3-D4 (Di Ciano, et al, 2014).

La anfetamina libera dopamina de los almacenamientos vesiculares presinápticos, mientras que la cocaína enfoca su acción hacia los transportadores de membrana plasmática. Por lo tanto, la interacción de las anfetaminas con la acción dopaminérgica de la cocaína bloquea los transportadores de dopamina (DAT) (Hyman, 1996). En este mismo "adictivo" apartado, hoy se sabe que existe un complejo peptídico llamado CART (por sus siglas en inglés, *Cocaine-Amphetamine Regulated Transcript*) que media mecanismos de adicción desde el hipotálamo, cuyas fibras se proyectan sobre el núcleo paraventricular del Tálamo (*Cfr.* Módulo 32, ver índice), explicando tal aferentación talámica hacia el núcleo Accumbens y demás zonas estratégicas del sistema mesolímbico (Kirouac *et al*, 2006).

> Otro elemento fundamental para entender el dinamismo molecular y sináptico de las adicciones, se relaciona con el tipo de receptores presentes en la vía dopaminérgica

El grupo de Marc Caron, con el apoyo del departamento de biología celular del Instituto Médico *Howard Hughes*, en la Universidad de Duke, en Durham, Carolina del Norte, realizó un revolucionario trabajo en el que asociaba la carga genética de la proteína PSD 95, deprimiendo la actividad estriatal en tres ratoncitos cocainómanos mutantes; pero muy curiosamente, en dependencias agudas, la regulación de PSD 95, no era tan negativa. Ello indica que, a nivel de eficacia sináptica, el incremento de LTP de las sinapsis glutamatérgicas del núcleo *accumbens* y la corteza frontal son dependientes de la actividad molecular de esta interesante proteína, que se perfila como la gran responsable de los efectos psicoestimulante motores agudos presentes en la adicción al alcaloide, identificando un nuevo rol celular y molecular en los mecanismos existentes entre la plasticidad relacionada con drogas y el aprendizaje (Yao et al, 2004; Abbas et al, 2009), y modulando activamente interacciones internas dentro de los sistemas de recompensa que pueden ser detectados por nuevas técnicas en neurobiología molecular (Cruz et al, 2014).

> La dopamina es un neuro transmisor crucial en los mecanismos de vulnerabilidad a las adicciones.

Las neuronas dopaminérgicas se convierten en verdaderos motores de comportamientos adictivos, en los que sus propiedades eléctricas son determinantes para alterar funciones conductuales, mediante mecanismos de recompensa dependientes del sistema mesolímbico (Zambrano, 2012). Desde el punto de vista de la modulación de la liberación de dopamina, estos aspectos son fundamentales para comprender la importancia del patrón de disparo modificado por drogas.

La función de la dopamina en procesos adictivos como la ingesta compulsiva de una droga y la pérdida del control de responsabilidad eminentemente dopaminérgica es relativamente poco comprendida. Un hallazgo invariable en un cerebro adicto es el bajo nivel de receptores D2, y en adictos a cocaína, activado mayormente en la corteza orbitofrontal (COF).

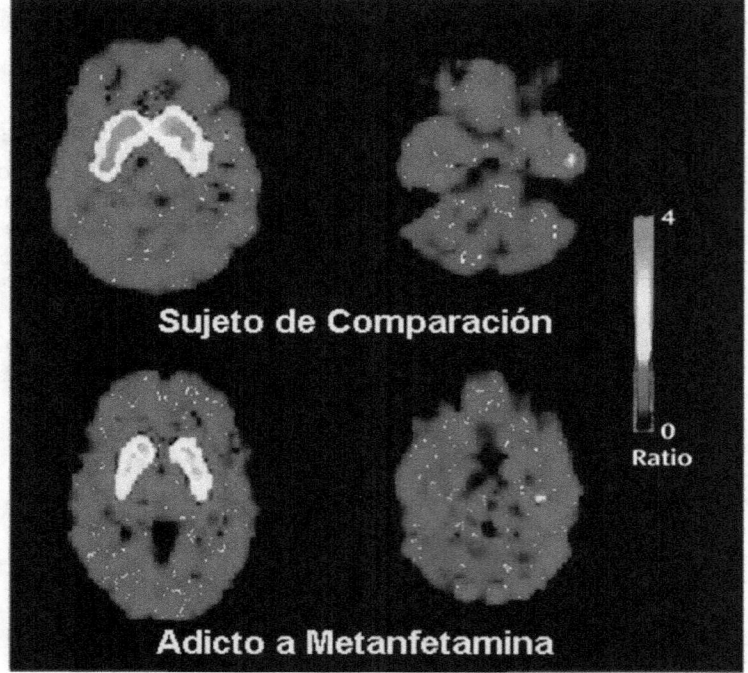

Fig 18.6 Disminución de los receptores D2 en áreas estriadas, corteza orbito-frontal y en núcleo *accumbens*. Apréciese la limitada resolución de áreas específicas, lo que realmente impide una mejor aproximación para evidenciar la objetiva baja densidad de actividad dopaminérgica que asocia la corteza orbitofrontal y el núcleo *accumbens* en estados adictivos. La consecuente restricción de la actividad metabólica en la corteza orbitofrontal, debida a la disminución de receptores D2, se refleja en la función óptima de las vías tálamo corticales (Volkow *et al*, 2001).

Dada la importancia para la volición y toma de decisiones de esta crucial área y su asociación con padecimientos psiquiátricos como los trastornos obsesivos-compulsivos, esta disrupción totalmente fisiológica ayuda a comprender ciertos mecanismos de la ingesta compulsiva que determina finalmente condiciones adictivas, de la misma forma como se presenta en los pacientes con amplia dependencia a las metanfetaminas y al conocido "éxtasis" (Volkow *et al*, 2001) y que explica en general los mecanismos de recompensa asociados a la vulnerabilidad a las adicciones (Volkow et al, 2012), asociados a dinámicas dopaminérgicas (Volkow et al, 2014).

59.2.1 EL SISTEMA MESOLIMBICO Y LOS MECANISMOS DE RECOMPENSA

La COF tiene proyecciones recíprocas con el núcleo *accumbens* y el estriado, así como del mencionado complejo ventrotegmental, estructuras asociadas tradicionalmente a los mecanismos de refuerzo y de abuso de drogas que ofrecen sugestivos mecanismos de modulación dopaminérgica. A causa de la baja resolución en los estudios con Tomografía por Emisión de Positrones, el receptor D2 puede determinarse aceptablemente bien en el putamen, pero se torna más difícil tal

> El área ventro tegmental (AVT) y el núcleo Accumbens, son estructuras de conciencia importantes en la toma de decisiones, en términos de recompensa cerebral.

cuantificación en el núcleo *accumbens* (Fig 18.6).

> La neurotoxicidad por MDMA (éxtasis), se debe a que altera la homeostasis del calcio intracelular; y a nivel sistémico, intoxica los centros termo reguladores del hipotálamo.

Es claro que todos los factores exógenos al funcionamiento cerebral natural son tóxicos. El cerebro está preparado filogenéticamente para poner a funcionar su maquinaria de receptores constantemente, y la expectación neuronal depende preponderantemente, de su activación. Existe hipersensibilidad a sustancias por algunos de estos receptores o umbrales de activación más sensibles, sin necesidad de drogas psicotrópicas. La preocupación actual de la sociedad transmilenial es la alta dependencia que brindan los derivados del complejo MDMA (similar a la de heroína y cocaína, que tienen gran afinidad en población adicta). El común denominador de estos efectos deletéreos mayores es una generación hipertérmica que intoxica los centros termoreguladores del hipotálamo, más la activación de receptores NMDA a glutamato, dejando pasar calcio a niveles neurotóxicos con daño irreversible agudo y también neurodegenerativo a largo plazo. Su asociación con los receptores serotoninérgicos, más la mediación de la dopamina y la participación del óxido nítrico, sustentan reacciones endovasculares que pueden llegar a comprometer la vida y la función neuronal sistémica (Lyles & Cadet,

2003), reconociendo además que MDMA, es una dextranfetamina involucrada con receptores μ, opioides (Robledo *et al*, 2004) y de forma experimental con agonistas κ opioides (Mori et al, 2013).

> El paradigma de la MDMA, es necesario para comprender las dinámicas adictivas del sistema mesolímbico.

Sin embargo, como toda droga de abuso, no deja de ser un objetivo interesante de estudio para analizar los paradigmas de plasticidad y fortalecimiento sináptico que se pueden dar en algunos modelos animales en desarrollo, además de otros procesos fisio-farmacológicos que se manifiestan en los mecanismos de recompensa del sistema nervioso. Siguiendo la línea de los modelos *«knock-out»*, un reconocido grupo de investigación en los interesantes sistemas de retribución mesolímbica fundamenta las conductas de perseverancia e hiperactividad que vinculan la interacción entre dopamina y MDMA (Powell *et al*, 2004). De la misma forma, para el caso de la morfina, por ejemplo, se ha reportado que en ratones *knock-out*, se observan mecanismos de retribución diferentes a los de la dependencia a cocaína (Bohn *et al*, 2003). A este tipo de especies, genéticamente tratadas, se les causa deleción puntual de la función de un tipo de β–arrestina, una molécula con epistema proteico (Zambrano, 2012). Lo anterior significa que, muy probablemente, los mecanismos de MDMA sean similares a aquellos de heroína o

> El cigarro podía ser eliminado como adictivo nicotínico, con el *rimonabant*, un antagonista endo canabinoide.

cocaína, dependiendo de una actividad proteica especifica. Esto evidencia que el alto poder adictivo de algunos alcaloides, puede ser potencialmente determinado por actividad dopaminérgica, y también por vías muy específicas mediadas por segundos mensajeros. Este tipo de actividad de una proteína especializada podría determinar el grado de adicción, traducido en las redes neuronales que se circunscriben a las interacciones funcionales del núcleo *accumbens*.

Otro receptor canabinoide, el CB2, podría ser activado durante estados místicos de forma endógena. El CB2 también está vinculado al receptor de anandamida, que se discute en el capítulo ontogenia de los sentidos en la función gustativa; encontrándose en alta densidad en tallo cerebral, hipocampo y estriado. El receptor CB1, por su parte, tiene una eficacia notable, que es mediada por la acción aun más considerable de GTP γ S, que se fija a la proteína G en los procesos adictivos CB1 (García *et al*, 1997), cuya expresión sólo aparece en una décima parte de la totalidad de la población cerebral distribuida ampliamente en el diencéfalo.

La implicación del sistema endocanabinoide en los mecanismos de vulnerabilidad a las adicciones es trascendental (Zambrano, 2014 b; Wang & Lupica, 2014).

A este respecto, se han realizado pruebas clínicas en la que Rimonabant, un antagonista de CB1; puede eliminar *de facto,* la tediosa dependencia a la nicotina (Maldonado et al, 2006). Este Antagonista, ha demostrado también eficiencia a bajas dosis (0.1 – 3 mg/kg), suprimiendo relativamente el efecto en autoadministración de heroína y morfina en los casos de asociación a receptores opioides descritos en los mecanismos que crean dependencia en la terapia del dolor (Zambrano, 2014 C) y atenuando el consumo de alcohol (Hu et al, 2014).

La potencial cascada analgésica mediada por los receptores canabinoides se ha visto analizada también en la CCA, anatómicamente relacionada con las sensaciones placenteras y dolorosas simultáneamente, y cuyo mecanismo fisiológico estaría activado igualmente por proteínas transductoras de membrana (Sim-Selley *et al*, 2002), en especial con los efectos discriminativos asociados al identificado *δ-9 tetrahidrocanabinol,* un importante sustrato adictivo ligado al incremento de las β-endorfinas, pero también a receptores μ opioides (Solinas *et al*, 2004, Hu et al, 2014).

> Los receptores canabinoides se asocian a mecanismos concienciales de alto orden.

El común denominador que conecta la acción de potentes sustancias adictivas, en este caso, se basa en que tanto las moléculas receptoras µ opioides, como las CB endocanabinoides, actúan acopladas a proteínas G.

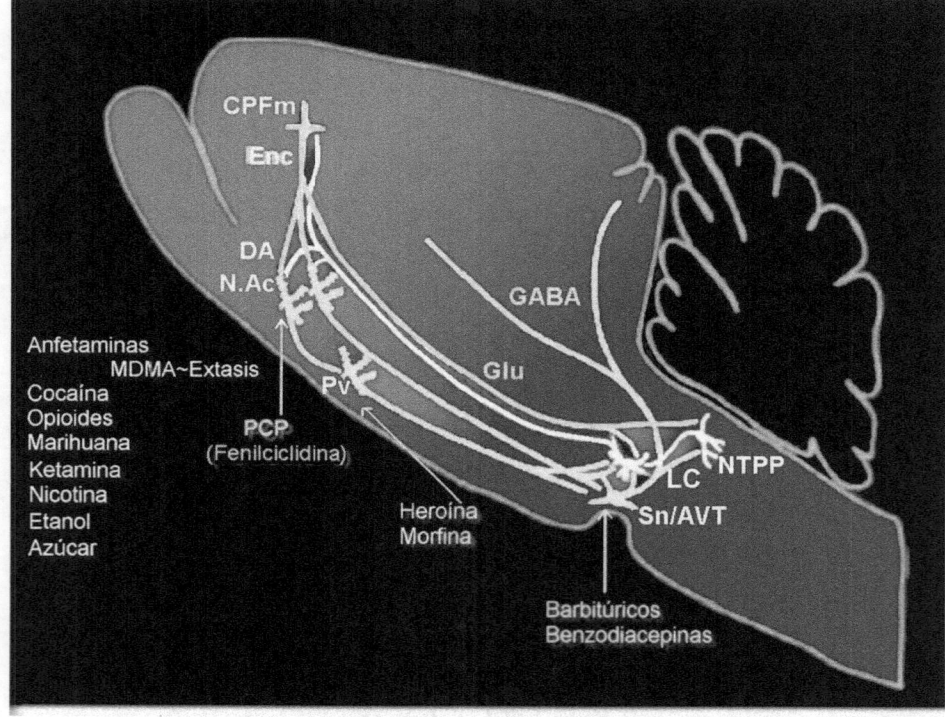

Fig. 18.7 Mecanismos de Recompensa y Retribución Cerebrales, que explican los estados de vulnerabilidad adictiva. La anfetamina y la cocaína son retribuidas por el Sistema Mesolímbico Dopaminérgico **(línea amarilla)**, cuya actividad neurotransmisora se concentra en el Núcleo *Accumbens* **(N.Ac)**. La nicotina es recuperada por la acción de receptores colinérgicos, expresados en las terminales dendríticas mesolímbicas tras el incremento de liberación de dopamina **(DA)** en N.Ac. El *input* colinérgico al Área Ventro-Tegmental **(AVT)** procede del Núcleo Tegmental Pedúnculo Pontino **(NTPP)** y del Núcleo Tegmental Pontino Dorso-Lateral, cuyas proyecciones llegan a áreas límbicas,

incluido el hipotálamo, que también recibe ramas desde el NTPP. Las vías excitatorias glutamatérgicas **(línea verde)** son proyectadas a corteza prefrontal media **(CPFm)**, cuyas neuronas son ricas en receptores NMDA, que reciben aminoácidos excitatorios como el glutamato **(Glu)**. El transporte de DA hacia amígdala e hipocampo implica al N.Ac. La amígdala, además, tiene fibras que conectan con el sistema nigro-tegmental (Sn/AVT), donde hay receptores a neurofármacos que inducen modificaciones emocionales. La fenilciclidina bloquea receptores NMDA en N.Ac y CPFm, reduciendo la actividad excitatoria glutamatérgica e inhibiéndola por transmisión GABAérgica **(línea Azul)**. La estimulación eléctrica en la CPFm causa liberación de glutamato en AVT y de DA en N.Ac. La presencia de opioides endógenos del tipo de las encefalinas **(Enc)** se ilustra en las fibras que conectan al N.Ac. El *Locus Ceruleus* **(LC)** es el núcleo que produce grandes cantidades de NorEpinefrina **(NE)** y aparece como dato referencial neuroanatómico. El **GABA** transita desde el N.Ac hacia el *Pallidum* Ventral **(Pv)** en los ganglios basales y a través del complejo Sn/AVT. En la Sustancia *Nigra* **(Sn)**, las proyecciones GABAérgicas van hacia el NTPP, conectado al Colículo Superior y al Tálamo Dorso-Medial. La heroína y la morfina eliminan el constante control inhibitorio del GABA, incrementando el disparo dopaminérgico mesolímbico, e inhiben también el *output* neuronal en el N.Ac. El etanol y la marihuana aumentan igualmente la actividad eléctrica dopaminérgica por mecanismos no muy claros. El hábito adictivo de los barbitúricos y benzodiacepinas depende de uno o más microcircuitos GABAérgicos, aislados de los mecanismos de retroalimentación mesolímbica (ver gráfica). Otros comportamientos compulsivos y adictivos son complementados en el apéndice X, *Sexo y Cerebro* (Ver índice general). El mecanismo de adicción a la cafeína (no ilustrado) tiene una circuitería independiente. (A partir de Gardner & Lowinson, 1993 y Wise, 2002).

Otros receptores que producen adicción y que podrían llegar a tener participación en los fenómenos ultrasensoriales son los canales nicotínicos, cuya actividad sería estudiada a través de los receptores de los polipéptidos opioides y endorfínicos involucrados con el dolor, como los receptores μ que se encuentran con cierta densidad en áreas ventrotegmentales y del núcleo *accumbens* (Chefer *et al*, 2003, Bodnar, 2013).

> Los dispositivos de habituación, relacionados con el sistema de retribución cerebral, son dependientes del sistema mesolímbico, y de la acción molecular de ten CREB y NMDA, implicados en memoria.

Los inhalantes bencénicos y el etanol, que son importantes generadores sociales de padecimientos extrasensoriales como el *delirium tremens*, incluyen la participación de receptores a aminoácidos excitatorios ligados a canales iónicos, como el NMDA, y de receptores a aminoácidos inhibitorios como el GABA. Aún no está claro el mecanismo como actúan en humanos; no obstante, en roedores mutantes como los *knock-out*, se ha propuesto que la forma de interacción con receptores podría estar mediada por TRK, que fosforila al canal de NMDA, permitiendo el paso de cationes divalentes que, en exceso, producen neurodegeneración y muerte neuronal (Miyakawa T, 1997).

Los mecanismos por los cuales intracelularmente las neuronas caen en tal vulnerabilidad, podría residir en la comandancia plurinominal que ejerce la molécula de CREB sobre estas áreas modificando dualmente su función. Siendo benéfica en algunas regiones del sistema mesolímbico-tegmental, o siendo deleterea en otras. De esta manera, CREB, influye negativamente en neuronas de la sustancia gris periacueductal (SGPA), el *locus ceruelus*, el Núcleo Accumbens y área ventrotegmental causando adicción; y positivamente en hipocampo y CPF, estimulando redes de memoria y tareas cognitivas de alto orden, o transfiriendo información visual en los procesos de dominancia ocular que se llevan a cabo en corteza occipital (Carlezon et al, 2005).

La investigación etiológica de la vulnerabilidad a las adicciones no se limita a su explicación molecular. Una solución a corto plazo nace del contexto social, modificado a paso veloz por los mecanismos de retribución poblacionales, cada vez más demandantes, pues son parte indisoluble de la condición humana y las recompensas que busca en sus interacciones personales (Zambrano, 2014, b).

Módulo 60

LA FENOMENOLOGÍA ULTRASENSORIAL DE LA MATERIA: EN DEMANDA DE LOS CORRELATOS NEURALES.

En la medida en que se fundamentan las inferencias científicas y teóricas expuestas a lo largo de la historia, quedaría por demostrar experimentalmente si, en efecto, existen o no tales fenómenos, o bien si forman parte de la misma imaginación colectiva del individuo que, a pesar de sus tradiciones y creencias, permite que tales habladurías mantengan el concepto vigente de verdad en su criterio mental.

> Analizar los correlatos neuronales de la percepción extra sensorial, requieren de una revisión metodológica en neurociencias

> Existen metodologías científicas para demostrar Percepción Extra Sensorial (PES).

Gran parte de estos efectos podrían pertenecer al trucaje; al producto imaginativo y creativo del individuo; algo que, en cierta forma, ni siquiera se ha estudiado con detenimiento en la parcela de la neuropsicología cognitiva experimental. En otras palabras, ¿cuál es la red neuronal que utiliza el individuo para crear; mediante qué mecanismos neurales se sirve el pensamiento para concretar esa imaginación? En tal virtud, y seguramente por misticismo en algunos casos, pero también por la sagacidad y perspicacia de la condición humana, el individuo ha creado cierta fenomenología conciencial que, lejos de ser una parte de la comercialización de los popularmente denominados poderes mentales, se presta a un análisis objetivo.

Es claro que una de las características fundamentales del pensamiento y la conciencia es la predicción, basada en la intuición o en mecanismos de expectación operativos de eventos muy primitivos, como la respuesta motora a estímulos sensoriales (Zambrano, 2012, 2014 A). En el caso del condicionamiento operante en caracoles, por ejemplo, un estímulo sensorial puede ser aprendido y traducido como mecanismo de defensa. El hecho de responder intuitivamente al estímulo sensorial ya implica un engranaje estructural que produce que un organismo sea consciente de recibir estímulos del medio ambiente y, por supuesto, de elegir la manera de responder ante ellos.

En neurobiología comparativa, cada especie tendrá su ejemplo demostrativo de la predicción y el pensamiento, hasta llegar a las respuestas emocionales del hombre ante el miedo, el dolor, o sensaciones vegetativas como hambre o sed, así como a la satisfacción de tales necesidades, que se manifiestan por la búsqueda selectiva en el entorno hasta encontrar agua o alimento por medio de la locomoción.

Empero, adentrarnos en el problema de la intuición mental, o la videncia de acontecimientos que sucederán *a posteriori*, no deja de ser cuestión confusa, que se relega a los adivinos medievales y a la estandarización aleatoria de que tales predicciones tengan cumplimento. Existen sustancias psicotrópicas, o simplemente estimulantes cotidianos, que podrían facilitar imágenes visuales. El vidente, por tanto, queda a riesgo de su credibilidad y estado mental, no sólo por la condición de sus juicios, sino por el escepticismo que siembra al lado de lo que anuncia (Harner, 1973; Badiner & Grey, 2002). Con todo, cuando la interacción es un poco más personal, en referencia explícita a quienes se valen de elementos de apoyo para realizar su trabajo,

> El estudio científico de la naturaleza predictiva e intuitiva del cerebro, se basa principalmente en los conceptos asociados a la dominancia hemisférica y en la activación cortical prefrontal.

existirá siempre el beneficio de la duda para la sugestión no hipnótica.

> La sugestión hipnótica puede ser demostrada por neuroimagen.

La sugestión que no depende de la temporalidad hipnótica es la manera por la cual un individuo puede influir en el pensamiento de otro de forma positiva o negativa, sobre fines específicos en tiempos mediatos. Las más de las veces, la sugestión subliminal puede modificar algunas acciones en individuos adultos. En el caso de que los fenómenos videnciales sean un poco más objetivos; esto es, que el vidente pueda prever situaciones de orden colectivo, la duda parece estar muy cerca de la variante probabilística del adivino, y no necesariamente de un fundamento neural. Sin embargo, si las premisas del individuo son recurrentes, y para ello necesita de estados de concentración, probablemente exista algún tipo de despolarización neuronal; específicamente de áreas límbicas y tálamo-corticales del área occipital (principalmente 17 y 18, así como 41-42 de *Brodmann*), comúnmente asociadas con el procesamiento audiovisual.

No deja de preocupar la parte metafísica del problema, seguramente ya inferida por Descartes o por algún científico contemporáneo, al advertir que una probabilidad de esta actividad pudiera asociarse a una vestigial función de la glándula pineal, actualmente vinculada a la producción de melatonina, y asociada con la regulación del fotoperíodo.

Dentro de este apartado igualmente existiría el campo de los sueños premonitorios, aún más enigmáticos, debido a lo innatural y subjetivo de su estirpe. Podríamos citar a personajes bíblicos, o históricos del medioevo, que salvaron su pellejo gracias a estos eventos. Freud publica, en noviembre de 1899, el caso de una premonición onírica cumplida *"Eine Erfühllte traumahnung"*, en una paciente mayor, dos veces viuda, que sueña encontrarse, en una calle céntrica de Viena, con su antiguo médico de cabecera, al cual no ha visto hace más de 25 años. Ese mismo día, después de narrar el profético sueño a un testigo objetivo, se encuentra al doctor K en la tarde, en el mismo sitio y a la misma hora en que lo había soñado.

> La premonición, ee un tipo de actividad intuitiva, que podría ser generada potencialmente desde redes de la CPF conectadas al precuneo y corteza visual.

En una inferencia que se aproxima a la electrofisiología del sueño, estaría complicado en este siglo tratar de dilucidar la traducción imagenológica de un sueño; pese a los registros evidenciados por el grupo de N. Hofle y B.E. Jones en 1997, donde advirtieron actividad del área cortical visual demostrada por cambios en el FSC durante el sueño de ondas lentas en áreas occipitales, lo que indica que el paciente estaba soñando con imágenes, pero que evidentemente sólo se pudo identificar la actividad neuronal, y no la representación de la imagen (Hofle et al, 1997).

> ¿Puede la tecnología actual, traducir visualmente las imágenes concebidas por la mente?

Aun así, los patrones descritos por los científicos en este campo nos dejan la probabilidad de plantear que tal vez sea durante los específicos y expresamente cortos periodos de sueño REM donde podría originarse este suceso. La relación que conduce a este corolario se basa en las famosas espigas PGO, que son características de esta fase de sueño. En ellas existen dos componentes que estarían posiblemente ligados: el pontino, que tiene acepciones concienciales y de alta neurotransmisión, y el geniculado, que lleva información a áreas occipitales donde se almacena la memoria visual. Aquí surgen dos problemas, ¿qué tanto puede considerarse premonitorio, dado que la psicología de los sueños es inconsciente? Si las definiciones de Sigmund Freud se acercan a la cotidianeidad del soñador, entonces estaríamos cerca de lo que se denomina la interpretación de los sueños. En este caso, queda la opción de que el individuo pueda recordar el evento, ya que es referido que sólo se hacen efectivos los sueños premonitorios cuando son cortos, y no cuando tienen una secuencia. Esto quiere decir que podría tratarse de imágenes de milisegundos, las cuales, durante un registro polisomnográfico, se filtrarían como un simple artefacto de interferencia. Por ello, mientras no se tenga evidencia lógica de la traducción de las imágenes mentales, el evento premonitorio que se genera durante el sueño no pasará de ser una mera elucubración, debido a las condiciones escépticas que lo circundan. Por ejemplo, la temporalidad del mismo, es un segundo cuestionamiento. Allí, la imagen predictiva a largo plazo no puede ser interpretada lógicamente en tanto no se produzca el hecho y pueda ser adaptado a las condiciones mentales de quien lo sueña, o en caso de ser una imagen del interés colectivo. En los casos de caída de un edificio, el advenimiento de una sorpresa fuera de la cotidianidad, o algo parecido, sólo se manifestaría por asociaciones subjetivas, que seriamente pondrían en discusión la metodología científica. El hecho solo podría ser eventualmente plausible en casos referidos donde el soñador tenga eventos repetidos y periódicos. En ellos podría registrarse el fenómeno desde el punto de vista polisomnográfico, siempre y cuando las referencias del sueño tengan un correlato lógico con los eventos que sucederán.

> Los fundamentos de la predicción intuitiva, son netamente corticales.

60.1 FUNDAMENTOS NEURALES DE LA SUGESTIÓN HIPNÓTICA.

> Los estados hipnóticos pueden ser abordados por el método científico.

La hipnosis, cuando menos en sus conceptos básicos más teóricos, tiene realmente el antecedente de haber sido empleada en la práctica de dos de los pioneros más propositivos en los campos de las neurociencias y la psicología, como lo son Freud y Cajal. El primero lo planteó así en sus notas y prólogo a la traducción del libro del sabio L. Berheim, *«De la Suggestion et de ses applications à la thérapeutique»*, entre 1888 y 1889 y, posteriormente, lo refirió en un caso de curación hipnótica en 1892[6]. Por su parte Don Santiago, ya en Zaragoza, lo hizo público con pacientes embarazadas y el manejo del dolor de parto, hacia el verano de 1889.[7]

Sus indicaciones, en especial a nivel terapéutico, han sido de utilidad en la curación de traumas severos en pacientes cuyo desempeño y tareas emocionales son pobres frente a la recuperación de una actividad eficazmente productiva; así mismo, se ha reportado incluso su gran relevancia en el escrutinio de los fenómenos inconscientes, asociados a referencias de búsqueda de hechos o vidas pasadas, que

---

[6] Del título original: *Ein Fall von hypnotischer Heilung*, 1892-3. Zeitschr. Hypnot. 1 (3) 102-7 (4) 123-9

[7] Cajal SR. Dolores del parto considerablemente atenuados por la sugestión hipnótica. Gaceta Médica Catalana, Agosto 31 de 1889

no tienen un curso de asociación temporal con el individuo hipnotizado, pero mayormente en relación con el manejo del dolor en lo que se conoce como hipnoanalgesia (Woodard, 2003; Stoelb, 2009, Lanfranco et al, 2014).

Los mecanismos neurales que subyacen a la inducción hipnótica son, entre estos fenómenos, los que probablemente hayan sido más estudiados en las últimas décadas bajo el rigor del método neurocientífico (Bakan, 1969; Carter *et al*, 1982; Rainville *et al*, 2002). En tales evidencias se ha reportado que el hemisferio no dominante está involucrado en ciertos estados hipnóticos, y la mencionada susceptibilidad depende de los movimientos oculares que siguen al inicio de la sugestión hipnótica (Bakan, 1969). Ya en éste milenio, se ha descrito que la activación hemisférica en la hipnosis depende de la naturaleza de la tarea que se desempeña durante de la experiencia hipnótica (Rainville *et al*, 2002). Por ejemplo, si bajo la hipnosis es importante la generación de actividad verbal, el hemisferio izquierdo será activado importantemente, especialmente si hay reporte verbal (Naish et al, 2010).

> Durante los estados hipnóticos, se puede conservar la contextualización sensorial auditiva, a diferencia de lo que pasa en los estados de sueño, donde el cerebro no escucha órdenes.

Durante la sugestión hipnótica se describen dos estados importantes para ser estudiados. La fase de relajación y la de absorción, donde la activación y desactivación de las respuestas cerebrales, son correlatos negativos y positivos de dichas fases, con estructuras cerebrales específicas (Fig, 18.8).

> Diferenciando hipnosis, de sugestión...

Para diferenciar los estados hipnóticos de los estados sugestivos, los científicos decidieron colocar dos estados extremos sensoriales para que ocho individuos, mediante hipnosis, no pudieran sentir el dolor, originado por un recipiente con agua a 47 °C.

La estrategia experimental con Tomografía por Emisión de Positrones requería que el paciente en trance sumergiera la mano en agua templada, y luego, bajo sugestión hipnótica negara el cambio sensitivo al sumergir la misma extremidad con temperatura más elevada. A todos ellos se les sometió a una escala de inducción hipnótica conocida como la SHSS-A (Escala *Stanford* de Susceptibilidad a Hipnosis, Formato "A"), además de realizarse un registro electroencefalográfico de control en todos los sujetos, cuyos patrones δ (1.5 a 4 htz), asociados a fases del sueño; estuvieron presentes constantemente en áreas occipitales (Rainville *et al*, 1999).

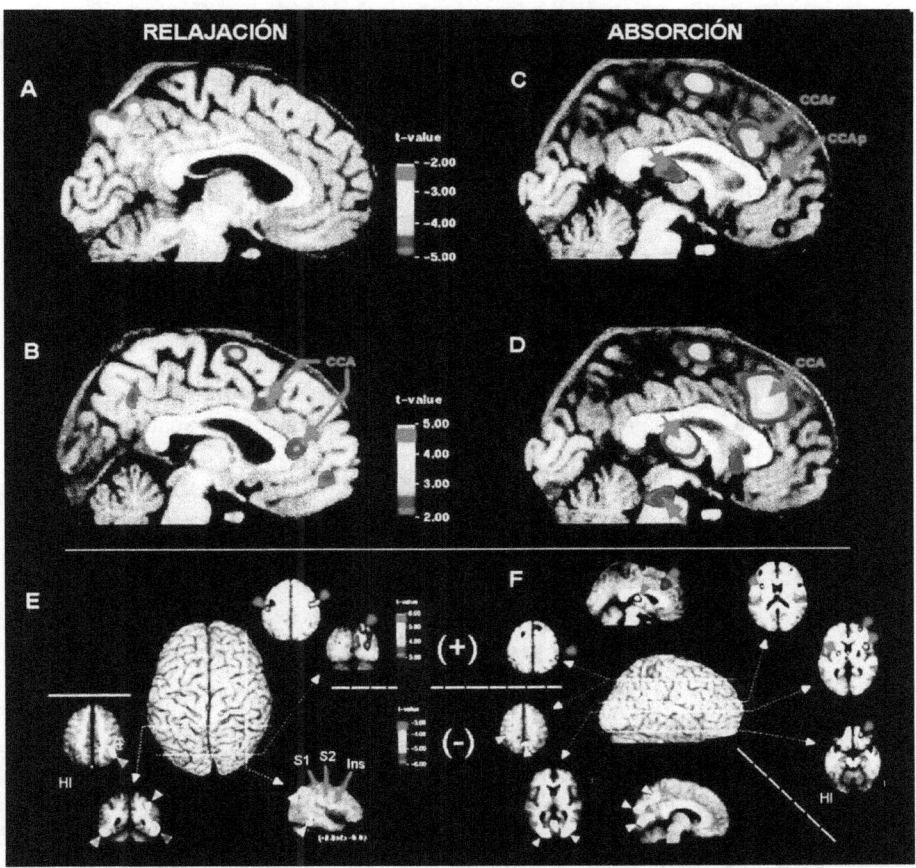

Fig. 18.8 Regiones de mayor activación durante los estados de sugestión hipnótica. Se observan las columnas de los estados de absorción y relajación. La relajación es observados en forma positiva (bilateral central y occipital derecha con muy poca intensidad en rojo) y negativa (corteza parietal posterior derecha en azul y en área tegmental mesencefálica). A). Regresión negativa en área tegmental. B) Regresión positiva en CCA en su porción rostral (r) y perigenual (p). C) Tálamo (T) y CCA rostral. D) La absorción, después de la relajación, o estado posthipnótico, también es evidenciada positivamente midiendo el FSC de manera estadística en regiones de mayor interés (ROI). Nótese el consumo en las vías de procesamiento semántico en el GSMT (Giro Supramarginal Temporal) izquierdo y en áreas audiovisuales. CCA (Corteza Cingulada

Anterior). En D) y E); los cortes de análisis de RMN relacionados con los efectos de la relajación y la absorción, son representados en la reconstrucción tridimensional. La barra amarilla divide la nominación positiva de la negativa, para ambos estados. El signo de (+), indica la correlación positiva de la relajación y su traducción está marcada con flechas rojas en el giro occipital superior (corte coronal) y en forma bilateral en el corte transversal. El correlato negativo(-) de la relajación, en flechas azules; es notorio en la corteza parietal posterior para los tres cortes, con interesante actividad en corteza insular (Ins) y sensorial (S1 ~ S2). Respecto a la absorción positiva (+), es apreciable en lóbulo parietal inferior derecho (indicado por el triángulo rojo. En corte sagital hay actividad talámica y de la CCA. En los tres cortes transversales de la izquierda, hay actividad prefrontal y lenticular. La absorción negativa (-), es señalada en lóbulo parietal inferior y en cortex occipital bilateral. (A partir de Rainville, 2002).

Los resultados de Tomografía por Emisión de Positrones para demostrar el poder de sugestión en el humano evidenciaron actividad subcortical del núcleo rojo mesencefálico, el giro supramarginal parietal y el lóbulo frontal, en ambos hemisferios. Para evaluar el efecto hipnótico fueron constatados los cambios en el metabolismo cerebral en la corteza cingulada anterior y en el giro frontal inferior, pero interesantemente hubo incremento del FSC en giro fusiforme occipital bilateral (AB 18-19), lo que puede ser explicado por la representación mental de la imagen en estados de amplificación conciencial. Además, todos los sujetos reportaron espontáneamente haber experimentado estados alterados de la conciencia, describiendo relajación profunda y un patrón común en la hipnosis, caracterizado por la repuesta automática extrasensorial respecto de su tiempo y espacio mental (Rainville *et al*, 1999). Otros estudios han sido analizados con Potenciales Cerebrales Relativos a Eventos (PCRE), en los que se observa cambios en los patrones electrofisiológicos de específicas áreas cerebrales, especialmente en la corteza occipital, durante la hipnosis (Nordby *et al*, 1999) y por supuesto en CPF y ganglios basales, evidenciados también por neuroimagen (Vanhaudenhuyse et al, 2014).

60.2 TELEPATÍA

En cuanto a la telepatía, o comunicación mental sin gesticulaciones o sonidos y, en teoría, sólo a través del envío de mensajes con representación mental de imágenes sensoriales (visualización), parece ser el más cotidiano y familiar de los muchos fenómenos de percepción extrasensorial. Analizar la telepatía desde este enfoque es realmente complejo. En primer lugar, no existe una correlación lógica entre las distancias y los hechos; la única relación física que existe es la constante de tiempo, basada en la comunicación "simultánea".

> Los protocolos de estudio en interacción telepática pueden realizarse por método científico.

Probablemente existan dos tipos de telepatía, la que se presenta durante la vigilia; cuando el individuo trata de enviar mensajes, como emisor telepático, mientras que espera que su receptor funcione a la perfección. La otra forma de telepatía que aparece durante el sueño fue descrita por S. Freud hace más de 80 años:

> *«Pero si el fenómeno telepático no es más que una producción del inconsciente, entonces no nos encontramos ante nada nuevo.*
> *En tal caso, sería natural e imprescindible aplicar a la telepatía, las leyes de la actividad psíquica inconsciente.»*
> **Freud S. (Traum Und Telepathie, 1922)**[8]

> La telepatía puede concebirse bajo el paradigma de la teoría de la mente.

La idea fundamental de los estados de vigilia telepáticos puede ser evaluada por medio de las llamadas cartas *Zenner*, en las que existen figuras geométricas predominantes como ondas, cuadros, triángulo, estrellas. El ejercicio es realizado durante un curso temporal determinado, entre un emisor telepático que se concentra en la imagen que quiere enviar y su receptor, el cual debe tener un alto grado de *"telepatía"* para que se cumpla la premisa de la ejecución del mensaje mental. Por supuesto que estas pruebas no pueden ser evaluadas desde el punto de vista del cálculo de probabilidades, pues dentro de él entran las adivinanzas por azar con el mínimo grado de variables, que en promedio es menor de 6, lo que hace inútil pensar que se trata de un modelo digno

---

[8] En Freud S (1929) Obras completas. Ed. Biblioteca Nueva, Madrid. Tercera edición. Incluye traducción de Einfuhrung in Die Psychoanalyse, 1923.

de la alta compatibilidad de selección neuronal, que como sabemos tiene millares de billones de probabilidades de conexiones entre sí durante la vida. Los grados de acierto entre dos mensajeros telepáticos pueden ser eficientes con la práctica de la comunicación entre ellos, como sucede entre personas que están constantemente en comunicación afectiva o de trabajo.

No obstante, el paradigma de la investigación en estos casos se podría ejercer casi de la misma forma como David Premack y Guy Woodruff realizaron sus trabajos con chimpancés para el desarrollo del lenguaje (Premack & Woodruff, 1978). De allí se puede inferir no sólo interesantes datos de la neurobiología comparativa, sino una aproximación real a la consecución de la efectividad de algunos tipos de fenomenología extrasensorial que se puede dar en primates no humanos, además de fortalecer la misma teoría de la mente en un apartado un poco más operativo y perceptual.

> ¿Puede comprobarse la transferencia de información telepática por correlatos neurocientíficos?

En el individuo humano probablemente existiría aumento del metabolismo de glucosa y del FSC en áreas occipitales por efectos de la representación de la imagen mental que se quiere transmitir, y de manera determinante existiría eventualmente activación de zonas de la

CPFDL y de la Corteza Cingulada anterior, que se encarga de ciertas funciones cognitivas del intelecto; además de que, en un curso temporal de milisegundos, podría existir gran incremento de función neuronal en la corteza orbitofrontal, principalmente en el momento de determinar la concreción del mensaje.

> La actividad telepática podría apreciarse potencialmente en zonas del lóbulo frontal.

Basados en los protocolos experimentales durante el período de entreguerra del siglo XX, bajo las teorías de Metzger en el experimento Ganzfeld[9] –a partir de los reportes (Honorton & Terry, 1974) – y comparando 28 estudios meta-analíticos en psi-Ganzfeld (Honorton, 1985; Hyman, 1994) en donde se debatía la medición de fenómenos PES, dchos protocolos, fueron trascendentes para investigar la deprivación sensorial y su relación con la telepatía (Blackmore, 1980, Berndt & Honorton, 1994, Palmer, 2003, Storm et al, 2010).

Aun así, estas estrategias de estudio con zigzagueante intención científica, no dejan de semejar dosis reflexivas respecto al problema real del pensamiento extrasensorial. Pese a que todas las tareas

---

[9] Originalmente bajo la teoría Geschtalt. Metzger W (1930) *"Optische Untersuchungen am Ganzfeld: II. Zur Phanomenologie dejs homogenen Ganzfelds"*. Psychologische Forschung (13): 6–29.

cognitivas, motoras, o incluso afectivas, se fortifican con la experiencia; el desarrollo de las habilidades perceptivas ultrasensoriales depende del estudio acucioso del tema, enfrentando por supuesto el paradigma que identifica la suspicaz senda del escepticismo científico.

60.3 EXPERIENCIAS EXTRACORPÓREAS

Las llamadas experiencias extracorpóreas, (OBE, por sus siglas en inglés *Out of Body Experiences*), se manejan actualmente como 'Experiencias Anómalas Corpóreas' o "ABEs"[10] (Braithwaite et al, 2013). Este tipo de manifestaciones son fundamentales para poder dilucidar los estados EAC, donde el cerebro parece estar en relación con la materia, es decir el mente-cuerpo y sin embargo las ilusiones y referencias del sujeto en experimentación refieren un "desdoblamiento" del ser, con sensopercepciones de sentir el cuerpo fuera de sí mismo. Los estudiosos en el área, establecen por neuroimagen, tipos de lesiones focales en áreas temporoparietales que explican de alguna manera fenómenos en los que se perciben tales sensopercepciones (Fig. 18.9).

> Las experiencias anómalas corpóreas (ABEs), son parte de la fenómenología perceptiva extra sensorial.

---

[10] Por sus siglas en inglés *Anomalous Bodily Experiences* (ABEs)

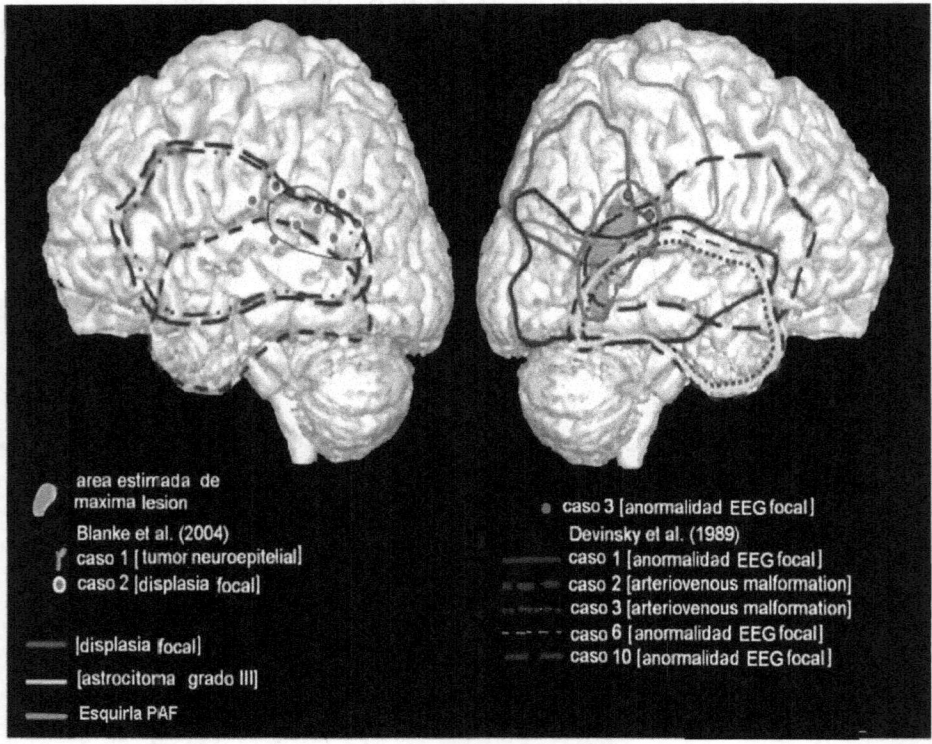

Fig. 18.9 Localización de lesiones neuropatológicas asociadas a experiencias extracorpóreas (OBE, *Out of Body Experience*). Las imágenes de Resonancia magnética evidencian daños focales asociados a OBE en casuísticas reportadas previamente. La línea amarilla tiene su etiopatogenia en un tumor glial –astrocítico-, y su relación con fenómenos OBE, fue reportada por primera vez a mediados del siglo XX (1958). El caso de la línea verde, en HI, se reportó en la década de los 70's, asociado a un trauma por Proyectil de Arma de Fuego (PAF). Los círculos fucsia, con halo blanco son OBE, asociados a displasia focal con convulsiones (caso 2). Las zonas circunscritas por líneas continuas o interrumpidas, representan el área cortical afectada para cada uno de los pacientes. Los casos 6 y 10 (Líneas interrumpidas) son marcados bilateralmente y con alteraciones electroencefalográficas focales. El análisis promedio de todas las lesiones arroja que el área más comúnmente afectada es la unión temporoparietal (zona sombreada en HD). HI Hemisferio izquierdo; HD, hemisferio derecho. (Modificado de Bunning & Blanke, 2005)

60.4 PSICOCINESIS

En el caso de la telecinesis, y mejor, de la psicocinesis, existe el antecedente de haber sido confirmado, o al menos contemplado objetivamente por ideales dispositivos tecnológicos, basando su potencial sustento en teorías analíticas de lo que los estudiosos en este campo denominan "Bioplasma", y apoyándose en la interacción constante existente entre la masa y la energía, de similar forma a la que se da en reacciones electromagnéticas *einsteinianas*; concibiendo de esta forma las fuerzas psíquicas generadas por la mente humana, apoyada lógicamente en un proceso conciencial como el mencionado efecto telepático de la visualización (Quickenden & Tilbury, 1986; Bundzen *et al*, 2002, Biermann & Whitsmarsh, 2006). Pese a no tener el lógico reconocimiento del clásico rigor del método científico tradicional, el cine y los medios han terminado por encasillar esta manifestación metapsíquica en parte de la ficción popular, y tal subjetividad es prácticamente un paradigma transgeneracional que se presta al juego y a la incredulidad. La definición de una parece ser independiente de la otra y, sin embargo, son fenómenos tan emparentados como si tuvieran la misma valencia y pertenecieran al mismo grupo dentro de una tabla periódica. La telecinesis, como su nombre lo indica,

> La psicocinesis ha sido estudiada con protocolos no específicos, que ameritan un rigor científico de estudio más acucioso.

> La demanda del estudio de la percepción extrasensorial (PES), tiene aún por dilucidar más de 119 fenómenos ultra sensoriales de la materia, uno por cada elemento de la tabla periódica de los elementos.

obedece al movimiento de objetos, los cuales pueden ser advertidos visualmente por otras personas de manera simultánea al momento en que se sucede; mientras que la psicocinesis, como definición general, es la facultad que tiene el individuo para mover los objetos con la mente.

La diferencia, que evidentemente no existe, radicaría en teoría en que una tendría más connotaciones subjetivas; vivida y explorada por una sola mente, pero corroborada objetivamente por otros cerebros en tiempos diferentes; en otros términos, la parte objetiva no observa cuando se mueve el objeto, sino cuando este aparece en un lugar distinto en lapsos de segundos, y sin explicación lógica de la razón, sin que nadie (entre los que estén implicados en el momento del fenómeno) haya realizado un movimiento mecánico que aclarase el fenómeno (Bierman & Whitsmarsh, 2006).

También relacionado con el ultradifuso término denominado fenómeno de *Poltergeist*, la psicocinesis se proyecta, al igual que los pocos eventos que aquí se enuncian, como un modelo más a demostrar acuciosamente con el rigor del método científico. Los poderes psíquicos que en este fenómeno se presentan abrirían un cúmulo de posibilidades respecto de los efectos de la verdad en estos polémicos conceptos que, ciertamente, tras la venial aproximación, demuestran que sólo exhibiendo una realidad gracias a los adelantos de la tecnología en neuroimagen, o con magnetoencefalografía, podrían ser constatados, aunque eventualmente la misma tecnología se encargará de crear los suplementos tecnológicos para exhibir la funcionalidad de esta brecha en los estudios cognitivos y concienciales del cerebro actual. Es probable que para todo grado de concentración se requiera no sólo de la participación del lóbulo temporal, sino también del concurso de los núcleos talámicos, y de algún mecanismo de retroalimentación excitatoria cortical, predominantemente occipital. Aun no se puede saber qué tan importante puede resultar un simple registro electrocortical en este tipo de experiencias. La psicocinesis podría tener alguna forma de vinculación con los principios que rigen al emisor telepático, particularmente en las estructuras adyacentes a la CPF y a la corteza orbitofrontal, y seguramente con gran actividad en V5, corteza visual encargada de procesar movimientos espaciales (Zeki & Stutters, 2013).

> Con magnetoencefalografía, pudiesen dilucidarse algunos enigmas sobre la realidad de la psicocinesis.

Las elucubraciones anteriores son parte de un ejercicio didáctico que únicamente intenta reforzar los conocimientos expuestos a lo largo de los capítulos de este texto. Debe entenderse que la recreación del discernimiento y la retroalimentación constante, apoyada en las ideas de asociación, son fundamentales para la consolidación de la memoria; pues es sabido que esta acción estática puede enmendarse con actividades creativas. Empero, dentro de la emergencia de la fenomenología conciencial, y gracias a las múltiples propuestas de los científicos que denotan la preocupación inminente y urgente por conocer el sustrato de los eventos que la determinan, la demanda de la búsqueda de los correlatos neurales en este campo aparece como una necesidad, más que como un persuasivo modelo neural a refutar.

60.5 LA ACTIVIDAD NEURONAL DEL CURADOR DURANTE LA CIRUGÍA PSÍQUICA.

En las Filipinas, un archipiélago de más de 7,000 islas, existe un interesante fenómeno, mezcla de misticismo, extrasensorialidad y folclore, conocido como el de los sanadores psíquicos. Su fama ha llegado a Australia, occidente y América, y en Inglaterra y Bélgica ya hay escuelas de individuos que desarrollan sus habilidades de percepción extrasensorial para poder ejecutar tareas de sanación.

Los denominados sanadores filipinos tienen dos formas de actuar: una, que puede ser por la imposición de energía a través de las manos; la segunda, donde estos "dotados" tienen la capacidad de hacer incisiones en la piel, extraer tejido canceroso y curar lo incurable, ¡sin anestesia y sin dejar ninguna cicatriz! (Sherman, 1967; Krippner, 1975, Randi, 1994, Logarta, 2009).

La idea general de este asombroso hecho ha sido documentada por escépticos científicos europeos como Hans Bender, Christian de Corgnol, o por el especialista estadounidense Stanley Krippner, y por los mismos pacientes, quienes llegan desahuciados con sus exámenes de la medicina alopática, enfermos terminales con crecimientos tumorales malignos, y después de ser intervenidos, sin ningún instrumento cortante más que el de sus dedos, son capaces de cambiarle la cara a un mal pronóstico en cuestión de minutos, y con precarias medidas higiénicas que asombrarían a los seguidores de las técnicas quirúrgicas de asepsia del siglo XVII, fielmente expresadas por Rembrandt en sus variados dibujos sobre clases de anatomía.

> En curación psíquica, puede establecerse una rica gama de procedimientos destinados a comprobar su veracidad.

Por supuesto que, debido a la popularidad y a la difusión de las técnicas, pero ante todo a la incredulidad de los muchos, aunque exista la necesidad de

> Los sanadores psíquicos de las Filipinas, refieren potenciar su actividad neuronal, amparados en las disciplinas de la meditación y el misticismo.

curación de los más, las filas diarias parecen superar, guardando las debidas proporciones, la taquilla de una película de ansiado estreno. En efecto, según la benevolencia y praxis del cirujano con facultades extrasensoriales, éste puede realizar un promedio de 40 procedimientos quirúrgicos diarios, incluyendo biopsias hepáticas, las cuales analizan, a manera de experimentados radiólogos, con un papel engrasa do semejando una radiografía de excelsa resolución. El más comercial y conocido de estos personajes, surgido a finales de los sesenta, y quizá el que más renombre internacional dio a este tipo de fenómeno casi social –fallecido, paradójicamente, a causa de problemas derivados de hipertensión y aterosclerosis por una hemorragia intracraneal– fue Antonio Agpaoa, quien podía ver, diagnosticar y tratar a seiscientos pacientes a mediados de los setenta, de los cuales, el 60% solía ser de otros países, y cuya mayor parte viajaba desde el hemisferio occidental, acompañada con estudios clínicos, biopsias diagnósticas de cánceres avanzados, etc., arribando con la esperanza de ser curado (Randi, 1994).

Las técnicas que desarrollan varían en su contexto, pero en realidad siempre tienen una concepción mística. A pesar de ello, existe una prohibición para poder trabajar como curadores sin saber nada de las materias básicas de la medicina. En Filipinas no pueden ejercer tal profesión galénica, pero existe la libertad de cultos, y amparados bajo esa premisa, crean una iglesia, donde cada uno de ellos opera como titular de una especie de religión, con nombres como la Unión Espiritista Cristiana de Filipinas, o lo que se les ocurra.

El primer cirujano psíquico reconocido, incluso entre ellos mismos, fue Eleuterio Terte, acusado por la respetable Asociación Médica Filipina hace más de 50 años de ejercer ilegalmente la medicina. No sólo se describe que la cirugía *psi* se puede hacer sin artefactos que ayuden a penetrar la piel. Juan Blance, en la década de 1970, utilizó el mecanismo de ventosas, cuyo calor abría la piel como si drenara abscesos, y curaba enfermedades graves.

El *modus operandi* de este grupo de curadores por la fe, parece tener un común denominador, en el que argumentan que mediante hipnosis, trance, o convicción del paciente, inducen una anestesia, que ciertamente no evidencia inoculación sistémica de ninguna sustancia, mientras ellos extraen restos aparentemente tisulares y hemáticos (Licauco, 1999, Logarta, 2009).

> Los llamados "cirujanos sin bisturí" utilizan recursos como la hipnosis, la desmaterialización tisular y la fe de los pacientes, para operarles tumores, curar de cáncer a enfermos desahuciados y corroborar estos hechos clínicamente.

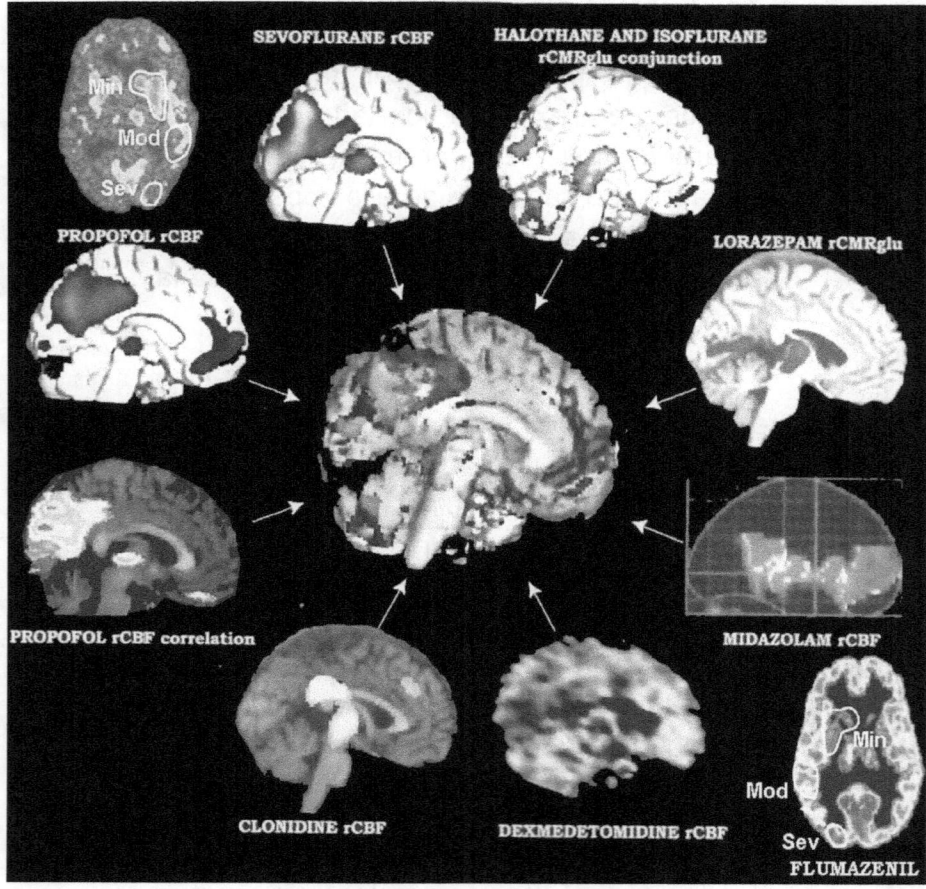

Fig. 18.15 Anestesia general y los correlatos neurales de la conciencia.
En la gráfica, un compendio de publicaciones de siete reconocidos grupos de investigación, quienes analizaron ocho diferentes agentes anestésicos, evaluando regionalmente la función cerebral relacionada con la pérdida de la conciencia. Tales efectos se juzgaron bajo técnicas de neuroimagen asociadas al consumo metabólico de glucosa y oxígeno medidas en flujo sanguíneo cerebral. En la imagen central se aprecia –utilizando el color de las escalas originales- un promedio de las regiones cerebrales donde más converge la actividad de los anestésicos. Sobresale la notable supresión de actividad talámica, como un hallazgo frecuente en la mayor parte del efecto anestésico asociado con la inducción de mecanismos que integran la pérdida de la conciencia. En el corte coronal con Propofol (Superior Izquierda), se evalúa la reducción de consumo metabólico tras el uso de

un anestésico asumido como agonista GABA. En Flumazenil (derecha inferior), la densidad de receptores GABA activados en diversas regiones establece un buen parámetro para considerar la relevancia de neurotransmisores inhibitorios específicos en los estados anestésicos. Obsérvense las regiones de interés, mínima, moderada y extensa o alta (Sev) en ambos casos (A partir de Alkire & Miller, 2005).

En otro caso, donde la anestesia, por sugestión hipnótica es evidente, concibe los procedimientos de Marcelino Asuigi utilizando cuchillos para realizar incisiones en sus pacientes, quienes no refieren dolor durante la incisión. La herencia de legendarios sanadores utilizando únicamente sus manos y abriendo piel (incluso sin contacto directo con la piel, persiste aún en escuelas como la de Ramón Jun Labo, en Baguio, al norte de la Isla de Luzón, uno de los sitios donde existen más de 50 sanadores, incluidas mujeres. Éste tipo de técnica, es considerada por los estudiosos, como "iluminada" entre los sanadores, con un 80% de efectividad de curación definitiva para sus enfermos. Incluso, refieren procedimientos espectaculares como el de un paciente japonés, quien asegura que el sanador extrajo parcialmente sus órbitas oculares para curarlo de un glaucoma inmanejable en su país. Otro muy influyente sanador y divulgador de esta técnica es Alex Orbito, el partidario más confeso del concepto de que ellos sólo son un instrumento divino, y que la causa real de curación es indubitablemente la fe del paciente (De Corgnol, 1992; Licauco, 1999).

> La sanación psíquica, es asociada con estados hipnóticos..

En los últimos treinta años, ha surgido otra generación de "curadores por la fe", como Rudy Jiménez, Benji Balcano y Emilio Laborga, entre otros. Algunos dicen que sus poderes les fueron otorgados durante un acto iluminatorio; otros afirman que fue gracias a acciones divinas, apariciones, o sugerencias en sueños telepáticos, pero en general todo parece concurrir en el mismo principio: un determinante místico, que ocasiona trance de carácter hipnótico mientras operan, semejante a una actividad "mediúmnica", pudiendo no obstante tener interacciones con el entorno y con su paciente y, por supuesto, con la evidencia clínica de que curan, como rigurosos estudios de gabinete y radiológicos en pacientes desahuciados, que evidencian enfermedad hematológica, hormonal o incluso inmunológica. Aunque en realidad tienen habilidades quirúrgicas, centran sus actividades en las glándulas y en aparato digestivo, además de que se ha referido curación en padecimientos de compromiso cardiopulmonar, y muy especialmente en casos de dolores osteoarticulares exacerbados y de nervios raquídeos (Licauco, 1999).

Adentrándonos un poco en la problemática demostrativa del fenómeno, los primeros estudios que se hicieron para evidenciar que no había trucos durante sus sanguinolentas exéresis quirúrgicas, incluso a una distancia de 10 o 20 cm, sin tocar la piel, se realizaron con la famosa cámara que podía fotografiar el aura energética de los pacientes. En el primer tercio del siglo XX, los esposos rusos Semyon y la bióloga Valentina Kirlian, originarios de Kasnodar, idearon un dispositivo de alta frecuencia capaz de demostrar la existencia de un halo energético o "aura" en los seres vivos, incluidas las plantas. La cámara está recubierta por una pantalla, en donde se coloca el objeto a "Aurear", ya sea una hoja seca, un tejido animal, o el cuerpo de un individuo. En sus inicios, las «kirliangrafías» eran en blanco y negro, y por tanto el aura siempre era reflejada en el componente blanco. Con el advenimiento tecnológico y la depuración de los filtros dentro del aparato, que ocasionaron variedades de color en las imágenes, se pudieron prever en un organismo los cambios físicos y, según sus partidarios, los momentos espirituales; lo que podría estar reflejado en los estados de ánimo emocionales del individuo. La cámara *Kirlian*, de alto voltaje y bajo amperaje, ha sido utilizada en el diagnóstico de padecimientos neonatales, en trastornos

> Algunas vertientes de la ciencia, amparan el poder de la curación psíquica en el aura energética de los sanadores.

hormonales asociados al hipotiroidismo con bocio, sinusitis, problemas de vejiga, etc., y durante algún tiempo pudo explicar las teorías concienciales del miembro fantasma en pacientes amputados (Krippner & Rubin, 1975).

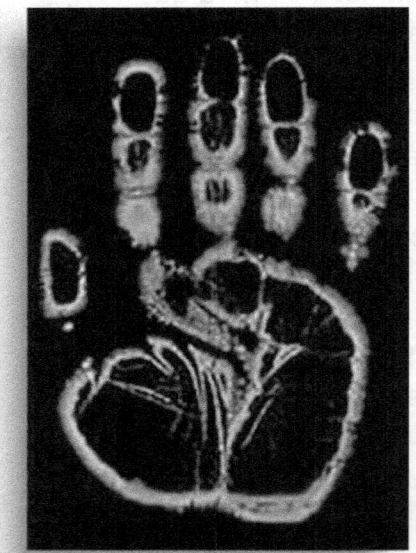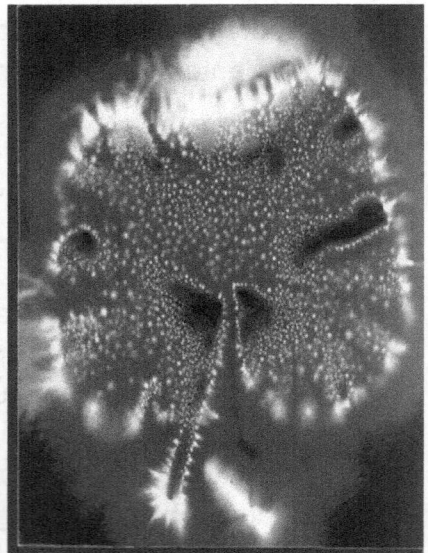

Fig. 18.9 Típicas kirliangrafías que muestran el "aura" de objetos con metabolismo energético.

El resultado es sorprendente, pues en organismos que no tienen la suficiente energía, o proyectan estados catabólicos, el aura aparece baja o muy mínimamente. La tecnología en este tipo de dispositivos ha evolucionado con el tiempo, pero el principio básico de la «Kirliangrafía» sigue vigente como el aparato destinado a medir energéticamente la actividad psicobiológica de estos sanadores con facultades psíquicas para abrir la piel.

En otro intento por analizar la actividad neural durante los períodos en que opera el cirujano psíquico, Hiroshi Motoyama, director del Instituto de Psicología Religiosa de Tokio, entre 1965 y 1972 realizó análisis de registros electrofisiológicos por medio de puntos que seguían las ramas del sistema nervioso simpático (SNS). Basado en el principio de que el SNS está relacionado con los meridianos acupunturales, pudo discurrir la relación de la energía *psi* (ψ), o la energía vital *Ki*, con el equilibrio y balance armónico que se busca en la ancestral disciplina curativa acupuntural. Según sus planteamientos, los dedos y terminales energéticas del curador, y los meridianos acupunturales (las ramas del SNP) están en permanentemente conexión con los *chakras* (el vínculo astral y causal de la transformación energética), lo que les otorga las propiedades curativas (Krippner & Rubin, 1975).

> Igualmente, se han hecho estudios siguiendo las líneas de transmisión neuronal del sistema nervioso periférico.

En el aspecto fundamental, que compete a la refutación científica, aún queda por discurrir bastante, principalmente en cuanto a la posibilidad de trucaje en cualquiera de sus formas, ya sea con pequeñas hojas cortantes en las uñas, o maniobras de prestidigitación de grandes maestros, las cuales han sido estudiadas con detenimiento por otros escépticos, quienes refieren reemplazo tisular orgánico en el momento exacto de la cirugía, o que las manos realmente no penetran en el cuerpo del paciente; o bien, el uso de sangre de animales, entre otras imputaciones (Randi, 1994).

> Los principios de atravesar la piel del paciente sin dolor, desmaterializar sus tejidos y efectuar la conversión de sustancias orgánicas en "plasmas" de degradación, procuran ser explicadas por teorías físicas de los campos electro magnéticos.

Ante estas manifestaciones, el físico nuclear alemán Alfred Stelter, junto con Harold Sherman, y posteriormente el científico suizo Hans Näegeli-Osjord, explicaron el asunto basados en el principio de la desmaterialización; esto significa, la conversión de materia orgánica en nuevos estados energéticos más allá de los distinguidos en el mundo material, incluido el plasma. Según ellos, el curador, al entrar en concentración profunda, es capaz de liberar una gran carga de energía capaz de modificar las características tisulares de todo cuanto es susceptible del alcance de sus manos. Esta fuerza psíquica es la misma que se presenta en algunos *shamanes* durante rituales sagrados, y es el principio básico del karateca que rompe una serie de ladrillos, o varios bloques de gruesa madera, cuando entra en contacto con ellos. Por tanto, bajo esta premisa, el sanador es capaz de evitar el dolor en su paciente, venciendo la resistencia de las barreras orgánicas y penetrando, de esta forma, hacia los tejidos adiposos y musculares recubiertos por la piel, hasta llegar a los órganos que necesita extirpar, convirtiéndolos en tejidos que pierden sus caracteres originales (Stelter, 1976).

Según Harold Sherman, quien trabajó este tema a fondo hace cerca de 40 años, tales estados pueden aparecer igualmente en plantas, que se rigen por el principio de campos magnéticos estudiado actualmente en neuronas (Sherman, 1967). El movimiento de cargas generado entre dos fuerzas emite un coeficiente de cohesión que semeja patrones vectoriales *riemannianos*, el mismo que sostiene la unión de dos o más cuerpos, pudiendo separarse por eventos polarizantes que regresan los cuerpos a su inicial apariencia, por el simple principio electromagnético de que los opuestos se atraen y lo similar se repele (Einstein, 1923). Éste es el precepto de la desnaturalización tisular, que únicamente en términos físicos hoy tiene en un hilo las teorías perseguidas por los escépticos, que sostienen la idea de que todo tipo de procedimiento realizado por los sanadores filipinos es un absoluto fraude.

> El argumento de la desmaterialización tisular, se sustenta en leyes de la física cuántica.

En el área de sustentar la presencia de activación de campos magnéticos

> Las polémicas evidencias científicas de la presencia de campos magnéticos en el fortalecimiento de la actividad interneuronal, pueden considerarse como aproximación para comprobar la probable existencia de actividad neural amplificada durante la cirugía psíquica.

neuronales en funciones cerebrales superiores, los investigadores afinan sus proyectos hacia la evidencia de determinar específicos sistemas de control motor, que dependerían de la contingencia que emerge a partir de la generación de este fenómeno físico tras una estimulación magnética transcraneal (Petersen *et al*, 2003) o en mediciones de estados similiares a la hipnosis mediante neuroimagen (Vanhaudenhuyse et al, 2014)

Esto hace inferir que, bajo estrictos protocolos científicos, se pueden plantear los fundamentos experimentales para aproximarse a ciertas manifestaciones diferentes a los estados basales de la conciencia, que brindarían una perspectiva real para penetrar el problema divergente entre el cerebro y sus proyecciones mentales, en las que probablemente se generaría un potencial mayor de actividad electromagnética involucrada en la fenomenología conciencial (Thaheld, 2003).

Científicos del departamento de psicología experimental de la Universidad de Oxford han demostrado la importancia de los campos magnéticos de actividades neuronales en expresiones de conciencia, utilizando una técnica de estimulación magnética transcraneal (TMS) durante actividades atentivas. Con un protocolo de pulsos de (TMS), realizado durante 200 ms de procesamiento visual, se logró deducir la presencia de eventos de discriminación óptica en programas de ejecución central sacádica (O' Shea *et al*, 2004). Otro interesante experimento, relacionado con estos campos de convergencia física, se lleva a cabo por el Instituto de Tecnología Biomédica de la Universidad de Harvard, en Massachussets, y define la importancia de la actividad electromagnética en procesos de conciencia, respecto a la contextualización auditiva, introduciendo un término que explica la actividad sensorial de AB 41 y 42, con campos neuronales concebidos electromagnéticamente. Esta zona, en momentos de desacoplamiento con una categoría de reconocimiento negativa (por sus singlas en inglés, MMN: *Mismatch Negative Response*), puede generar anomalías ilusorias que vincularían la categoría de sensaciones perceptivas de orden de orientación y, por supuesto, asociada a tareas de conciencia de alto comando (Jaaskelainen *et al*, 2004).

> Los estudios apuntan a dilucidar este fenómeno, bajo los preceptos de los campos magnéticos existentes en la actividad neuronal.

Las teorías que confrontan científicamente la "desnaturalización de la materia" son demasiado fáciles de impugnar, y se basan más en la lógica molecular que en la física cuántica. Por ejemplo, se puede tomar una simplísima biometría hemática del paciente en el momento exacto de la cirugía, y una muestra de sangre de la supuesta herida, esperando obviamente que exista una gran similitud, cuando menos en la cifra de hemoglobina y eritrocitaria.

La genética actual permite, además, rastrear el ADN para una identificación más exacta, amén de otras pruebas, como la química sanguínea en pacientes cuyos trastornos sean de preponderancia metabólica.

> Un estudio polisomnográfico demostraría la actividad hipnótica de los sanadores filipinos durante la cirugía.

El paso siguiente, si y sólo si estas pruebas fueran consideradas fidedignas, queda a manos de la tecnología, como los procedimientos que se utilizan actualmente para detectar campos magnéticos tisulares, estudios polisomnográficos, potenciales evocados relacionados con eventos, mapeo electroencefalográfico y, muy importantemente, las ventajas de la neuroimagen. Se puede prever una aproximación imagenológica al enigma, para comprender la actividad energética y metabólica de ciertos estados amplificados de la conciencia, con un sustento electrodinámico, a partir de estudios donde se analizan las modificaciones en el flujo sanguíneo cerebral durante la actividad δ encefalográfica, que es registrada durante el sueño de ondas lentas en humanos (Hofle et al, 1997).

En un estudio de neuroimagen, se ha podido demostrar que las tareas donde se evidencian estados ampliados de la conciencia como la meditación, la participación de los sistemas dopaminérgicos es clara, sobretodo en el estriado ventral cuando se utiliza Racloprida en sujetos que practican la meditación Yoga Nidrah (Lou et al, 2005). En este contexto y apoyados en el arma que este grupo de sanadores por la fe interpone, valdría la pena medir incluso su actividad cerebral por esta metodología, solo para corroborar el grado de congruencia que esgrimen, con respecto al misticismo y la meditación.

Se contempla que los que realmente han sido dotados psíquicamente para estos menesteres evidentemente requieren entrar en estados mediúmnicos –alcanzados en "sublime" meditación– que semejarían patrones electroencefalográficos similares a los que se presentan en fases hipnóticas.

La suma de procedimientos para resolver el enigma de la curación por la fe, pueden demostrar evidencias de trance hipnótico en el curador psíquico. Un logro de estos, abriría muchas líneas de investigación en los EAC. La estrategia experimental para abordar todos estos acertijos en que los hechos curativos parecen doblegar la razón, requiere simplemente de correlato científico.

> Un conjunto de contundentes pruebas en neurociencia, es suficiente para comprobar cómo se genera la curación por la fe.

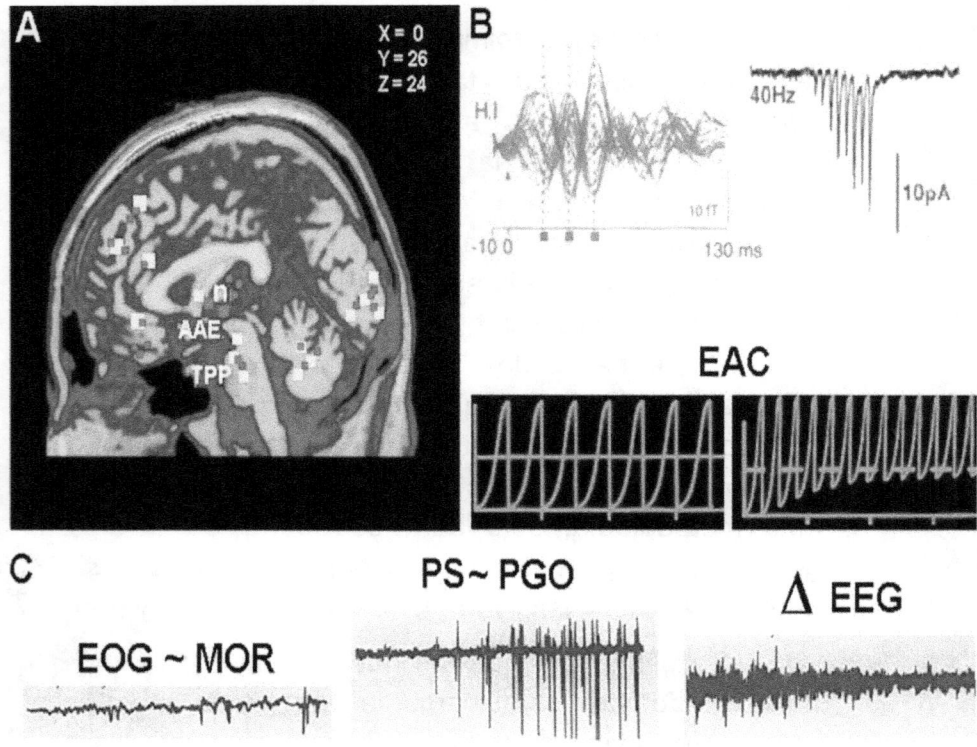

Fig. 18.10 Simulador de RMNf* en un modelo de actividad cerebral durante la Cirugía Psíquica. Se diseña un protocolo de estudio para dilucidar este paradigma. En A), predominio de actividad frontotemporal y nigroestriatal dopaminérgica (n). Destaca el índice de contribución serotoninérgica tegmento-protuberancial (TPP) y del sistema palidal-subtalámico (AAE), con la interesante actividad moduladora de la corteza visual (AB 18-19) y del cerebelo, representando mentalmente imágenes. A la derecha, en B), el registro magnetoencefalográfico en hemisferio izquierdo y registro electrofisiológico neuronal con oscilaciones a 40 Hz, reflejando un estado conciente ideal. En fondo negro, Estados Amplificados de la Conciencia (EAC), por arriba de 40 Hz. Abajo, en C), un electroóculograma (EOG) en sueño MOR, un EEG evidenciando desincronización propia de los estados de sueño profundo y actividad PGO (Ponto-Geniculado-Occipital) cuyo patrón de espigas (PS-PGO), evidencia cambios en los estados de vigilia-sueño, pudiendo estar relacionados con una eventual contingencia mediúmnica. (x,y,z, son coordenadas estereotáxicas).

*** Ver **mención referencial** sobre el simulador de RMN y su aplicación didáctica, en páginas de introducción general.

La mayoría de los curadores refiere irrumpir en *trance* y así alcanzar mayor poder energético, utilizado para desmaterializar tejidos, penetrarlos y obtener el cúmulo energético, (u organismo), que hace daño al paciente, quien sólo es curado según su grado de fe. De otra manera, la creencia de ser aliviado no funciona, y en eso: el misticismo es más que radical, así como también la neurofilosofía actual, con el manejo del polémico término en inglés *belief*, o lo que los filósofos conocen como actividad Dóxica[11]. Es aquí donde las creencias religiosas, y el misticismo juegan un papel importante en la creación de nuevas redes neuronales, que se suscitan tras cualquier evento experiencial (Zambrano, 2012). La instauración de convicciones a través de mecanismos memorables post-experienciales, es entonces una forma de plasticidad sináptica.

> Las creencias y la fe, son un planteamiento fundamental para abordar los fenómenos de sanación psíquica.

En la biofísica clásica de las células excitables, notables científicos de mediados del siglo XX enunciaron elegantemente

---

[11] Doxa = Creencia. En Husserl, un fundamento propositivo tiene carácter de creencia, la cual puede ser "real" o parte de un proceso *cogitativo* (del *Cogito Ergo Sum*, --pienso luego existo-- cartesiano).
Asimismo, se plantea la protodoxia, o la certidumbre primitiva en cierta creencia: La prototesis dóxica abarca la esfera entera de la conciencia (E. Husserl, *Ideen Zu Einer Reinen Phänomenologie Und Phanomenologischen philosophie. Ed. Halle, Max Niemayer. Deutschland, 1913*).

teorías sobre las barreras de energía que se presentaban en los canales iónicos, los movimientos de carga intraneuronales y la despolarización de la membrana (Hodgkin & Katz, 1949; Hodgkin & Huxley, 1952). El camino es largo, en caso de que existieran pruebas protocolarias fehacientes en un nivel macromolecular que dieran como verdad la existencia del fenómeno, puesto que esto significaría la elucubración de estrategias experimentales destinadas a comprender mecanismos intracelulares de la fenomenología ultrasensorial.

> Realmente, el umbral que separa los estados básicos de la conciencia, de su amplificación: es muy lábil.

Desde una óptica un poco más sistémica, los recursos de estudio que le quedan a la neurociencia actual podrían recaer en la magnetoencefalografía, donde existirían patrones tálamo-corticales cercanos a los 40 Hz que traducirían cierto grado conciencial, además de una parcial descontextualización sensorial durante el sueño MOR, que aparecería principalmente relacionada con la actividad mediúmnica. Si las condiciones se presentaran, ya que obviamente ello dependería de la colaboración de los sanadores por la fe que desempeñan en el presente su trabajo curativo, se podría realizar posiblemente un estudio de TEP. Allí encontraríamos algo similar a una gran actividad neuronal en el lóbulo temporal, acompañada de gran incremento del flujo sanguíneo cerebral en

AB 8 de la CPF y CPFDL, giro fusiforme occipital, principalmente AB 18-19, y muy especialmente actividad dopaminérgica y serotoninérgica, acompañada de depolarizacion de canales de NMDA en ganglios basales; todo ello conectado hacia zonas tegmento-protuberanciales, particularmente en lapsos de gran actividad mediúmnica (Fig. 18.10).

Fig. 18.11 Sugestiva portada en un libro de Allan Hobson, eminente investigador experto en la aplicación del conocimiento de la fisiología del ritmo vigilia-sueño a la fenomenología de los estados amplificados de la conciencia.

Con respecto a los avatares del sueño, la cronobiología, y en general cada uno de los aspectos de la fisiología en este campo, encuentran en la neurofarmacología y la bioquímica, la oportunidad de comprender cada vez con mayor criterio la relación existente entre una amplificación de la conciencia y los estadios que guardan similitud electrofisiológica con el sueño, durante las diversas modificaciones químicas que se presentan en modalidades que contrastan con los denominados estados básicos de conciencia (Hobson, 2001).

> El análisis objetivo de los estados básicos de conciencia (BSoC) ayudan de manera contundente a comprender como se abordarían los EAC.

En síntesis, y retomando el sustrato fundamental de la medicina actual, el paciente recurre a todo tipo de alternativas curativas siempre y cuando le otorguen una mejor calidad de vida. Mientras crea en quien lo cura, la probabilidad relativa de la existencia de la cirugía psíquica, sea truco o no, sigue siendo un fenómeno mental, puesto que no hay duda de que mediante la fe puede existir siempre la contingencia de la curación (Hammond, 1974). En ese caso –y seriamente no es una idea descabellada–, habría que concebir estrategias experimentales con neuroimagen y otros recursos de la neurociencia para aplicarlas a los individuos que acuden como pacientes a este tipo de terapias, con el fin de promulgar cierta idea, que se antoja en principio frenológica. El objetivo se basaría en encontrar los centros o las redes cerebrales manifestadas mediante la fe; en caso contrario, podríamos constatar que la fe es una parte ineludible de la subjetividad. De cualquier modo, no indagar en este fenómeno sería prácticamente una negligencia dentro del criterio científico, y de esta forma, las disquisiciones de Patricia S. Churchland y predecesores como el legendario William James, o el protodóxico Edmundo Husserl, estarían fuera del contexto neurofilosófico (James, 1901; Husserl, 1913; Churchland, 2003). El planteamiento de las creencias y de cómo se instalan las convicciones en el cerebro, respecto a la modificación de redes neuronales y plasticidad sináptica que pudiesen influir en la curación por la fe, es abordado actualmente desde el punto de vista neuroepistemológico (Zambrano, 2012, 2014 A), tratando de encontrar una explicación viable a estos fenómenos curativos.

> La subjetividad, la inter subjetividad y los criterios objetivos de la tercera persona, son la base del abordaje neuro epistémico para dilucidar el problema de la PES y la curación por la fe.

EXCERPTA SUCINTA

- Los estados amplificados de la conciencia pueden generarse a partir de procesos neurofisiológicos (sueño), patológicos (trastornos psiquiátricos), e inducidos naturalmente (hipnosis, meditación), o artificialmente (sustancias enteógenas).

- Los estados adictivos siguen las fibras nerviosas, de gran trascendencia neuroquímica, que provienen desde el tallo cerebral y llegan al área mesolímbica. La dependencia a sustancias exógenas se puede explicar mediante el sistema de retribución cerebral.

- Existe una notable diversidad de fenómenos que son considerados extrasensoriales y que, como en el caso de la hipnosis, demandan un correlato sustentado científicamente para explicar el tipo de actividad neuronal que se genera durante determinados niveles de percepción que, potencialmente, puede alcanzar el cerebro con relativo entrenamiento.

- Las estructuras neurales, y en especial los comandos de alto orden que emanan de la organización cerebral, tienen, además de sus cualidades cognitivas, una interesante alternativa de estudio en el fundamento de las creencias, cuyo perfil concita a un análisis profundo desde una perspectiva neuroepistémica, que es, de hecho inherente al estudio de la conciencia.

Literatura Fundamental
y Sugerencias Bibliográficas

Austin JH (2013). Zen and the brain: mutually illuminating topics. Front Psychol. 24;4:784.

Bodnar RJ (2013). Endogenous opiates and behavior: Peptides. 50:55-95.

Braithwaite JJ, Broglia E, Brincat O, Stapley L, Wilkins AJ & Takahashi C (2013) Signs of increased cortical hyperexcitability selectively associated with spontaneous anomalous bodily experiences in a nonclinical population. Cogn Neuropsychiatry.18(6):549-73

Carbon M & Correll CU (2014) Thinking and acting beyond the positive: the role of the cognitive and negative symptoms in schizophrenia. CNS Spectr. Nov 18:1-19.

Cruz FC, Koya E, Guez-Barber DH, Bossert JM, Lupica CR, Shaham Y & Hope BT (2013). New technologies for examining the role of neuronal ensembles in drug addiction and fear. Nat Rev Neurosci. 14(11):743-54

Di Ciano P, Grandy DK & Le Foll B (2014). Dopamine D4 receptors in psychostimulant addiction. Adv Pharmacol. 69:301-21.

Grof S (2009) LSD: Doorway to the Numinous: The Groundbreaking Psychedelic Research into Realms of the Human Unconscious. Park Street Press, 4 th Ed.

Gunderson EW, Kirkpatrick MG, Willing LM, Holstege CP (2013) Substituted cathinone products: a new trend in "bath salts" and other designer stimulant drug use. J Addict. Med. 7(3):153-62.

Hobson JA (2001) The Dream Drugstore: Chemically Altered States of Consciousness. Cambridge, MIT Press.

Hu SS, Ho YC & Chiou LC (2014). No more pain upon Gq -protein-coupled receptor activation: role of endocannabinoids. Eur J Neurosci. 39(3):467-84.

James, W (1901) The Varieties of Religious Experience. A Study in Human Nature. Modern Library. Reedited by Penguin Classics, 1983.

Lanfranco RC, Canales-Johnson A & Huepe D. (2014). Hypnoanalgesia and the study of pain experience: from Cajal to modern neuroscience. Front Psychol. 5:1126-133.

Litjens RP, Brunt TM, Alderliefste GJ & Westerink RH. (2014) Hallucinogen persisting perception disorder and the serotonergic system: a comprehensive review including new MDMA-related clinical cases. Eur Neuropsychopharmacol. 24(8):1309-23.

Roberts TB. (2001) Psychoactive Sacramentals: Essays on Entheogens and Religion. Council on Spiritual Practices San Francisco.

Stelter A. (1976) Psi Healing, Bantam Books, Inc., New York.

Varela F (Ed.) (1997), Sleeping, Dreaming and Dying: Dialogues between Sciences and Buddhist Tradition, Wisdom Book, Boston,

Vanhaudenhuyse A, Laureys S & Faymonville ME. (2014) Neurophysiology of hypnosis. Neurophysiol Clin. 44(4):343-53.

Volkow ND, Wang GJ, Telang F, Fowler JS, Alexoff D, Logan J, Jayne M, Wong C & Tomasi D. (2014) Decreased dopamine brain reactivity in marijuana abusers is associated with negative emotionality and addiction severity. Proc Natl Acad Sci U S A. 111(30):E3149-56.

Wallace BA (2011) A Buddhist View of Free Will: Beyond Determinism and Indeterminism. Journal of Consciousness Studies, 18 (3-4): 217-233.

Wang H & Lupica CR (2014) Release of endogenous cannabinoids from ventral tegmental area dopamine neurons and the modulation of synaptic processes. Prog Neuropsychopharm Biol Psychiatry. 52:24-7.

Zambrano Y (2012) Neuroepistemology, What the neurons knowledge tries to tell us. Phy Psi K'a Publishing, Co.

Zeki S & Stutters J (2013) Functional specialization and generalization for grouping of stimuli based on colour and motion. Neuroimage. 73:156-66.

BIBLIOGRAFIA REFERENCIAL
LIBRO DIECIOCHO
(Lecturas Recomendadas y **Esenciales**)

Aaronson B & Osmond H (1971) Psychedelics: The Uses and Implications of Hallucinogenic Drugs, London: Hogarth Press.

Abbas AI, Yadav PN, Yao WD, Arbuckle MI, Grant SG, Caron MG & Roth BL (2009). PSD-95 is essential for hallucinogen and atypical antipsychotic drug actions at serotonin receptors. J Neurosci. 29(22):7124-36.

Abi-Dargham A (2004) Do we still believe in the dopamine hypothesis? New data bring new evidence. Int J Neuropsychopharmacol. Mar;7 Suppl 1:S1-5.

Alkire MT & Miller J (2005) General anesthesia and the neural correlates of consciousness. Prog Brain Res. 150:229-44.

Artaud A. (1936) The peyote Dance, In, Les Tarahumaras, Tome IX, Oeuvres Complete d'Antonin Artaud, published by Editions Gallimard, translated by Helen Weaver

Badiner AH & Grey (2002) Zig Zag Zen: Buddhism and Psychedelics, Chronicle, Books LLC, San Francisco, Ca.

Bakalar JB & Grinspoon L (1997) Psychedelic Drugs Reconsidered. The Lindesmith Center N.Y.

Bakan P. (1969) Hypnotizability, laterality of eye movements and functional brain asimmetry. Perc. Mot. Skills. 28:927-32.

Beauregard M & O'Leary D (2007) The Spiritual Brain: A Neuroscientist's Case for the Existence of the soul. HarperOne, N.Y.

Bergson H. (1929) Matiere et memoire : Essai sur la relation du corps a l'esprit . Paris: F. Alcan.

Berndt DI & Honorton C (1994) Does psi exist? Replicable evidence for an anomalous process if information transfer. Psych. Bull. 115: 4-18.

Biermann D & Whitsmarsh S (2006) Consciousness and quantum physics: empirical research on the subjective reduction of the statevector. In: The Emerging Physics of Consciousness. Ed. J.A Tuszynsky. Springer Verlag, Berlin, pp 27-48.

Bishop MG (1963) The Discovery of Love: A Psychedelic Experience with LSD-25. New York: Dodd, Mead & Co.

Blackmore S (1980) The Extent of Selective Reporting of ESP Ganzfeld Studies. European Journal of Parapsychology, 3: 213-219.

Bohn LM, Gainetdinov RR, Sotnikova TD, Medvedev IO, Lefkowitz RJ, Dykstra LA & Caron MG. (2003) Enhanced rewarding properties of morphine, but not cocaine, in beta (arrestin)-2 knock-out mice. J Neurosci. 23:10265-73.

Bridges, H. (1970). American Mysticism from William James to Zen, New York: Harper & Row.

Bundzen PV, Korotkov K & Unestahl LE (2002) Altered states of consciousness: review of experimental data obtained with a multiple techniques approach. J Altern Complement Med. 8(2):153-65.

Bunning S & Blanke O. (2005) The out-of body experience: precipitating factors and neural correlates. Prog Brain Res. 150:331-50.

Carlezon WA, Duman RS & Nestler EJ (2005) The Many Faces of CREB. Trends Neurosci. 28: 436-445.

Chalmers D (2003) The content and epistemology of phenomenal belief. In Smith Q & Jokic, A (Eds.), Consciousness: New Philosophical Perspectives. Oxford University Press.

Chefer VI, Kieffer BL, Shippenberg TS. (2003) Basal and morphine – evoked DOPA minergic neurotransmission in the nucleus accumbens of MOR- and DOR-knockout mice. Eur J Neurosci. 18:1915-22.

Chevannes, B. (1995). Rastafari and Other African-Caribbean Worldviews Basingstoke, Hamps., England: Macmillan and The Hague: Institute of Social Studies.

Churchland PS (2003) The Brain-Wise. Studies in Neurophilosophy. MIT press.

Connor JD, Rostom A, & Makonnen E (2002) Comparison of effects of Khat extract and amphetamine on motor behaviors in mice. J Ethnopharmacol. 81(1):65-71.

Dass R (1971) Be Here Now. San Cristobal, NM: Lama Foundation.

De Corgnol C. (1992) Los sanadores filipinos. La verdad sobre los doctores sin título que hacen milagros". CS Ediciones, Buenos Aires.

Eliade M. (1964). Shamanism: Archaic Techniques of Ecstasy New York: Pantheon

Fadiman J. (1965) Behavior Change Following Psychedelic (LSD) Therapy, Stanford, CA: Stanford University. SE

Fontana D (2007) Meditation and Mystical Experience. In Velmans M & Schneider S. The Blackwell Companion to Consciousness, Blackwell Publishing, Wiley.

Furst PT , (1972). Flesh of the Gods: The Ritual Use of Hallucinogens New York: Praeger.

Garcia DE, Brown S, Hille B, Mackie K. (1998) Protein kinase C disrupts cannabinoid actions by phosphorylation of the CB1 cannabinoid receptor. J Neurosci. 18:2834-41.

Gardner EL & Lowinson JH (1993) Drug craving and positive/negative hedonic brain states activates by addicting drugs. Seminars in the Neurosciences 5: 359-68

Godwerth M (1993) The messiah-complex in schizophrenia. Psychol Rep. 73(1):331-5

Gouzoulis-Mayfrank E, Heekeren K, Neukirch A, Stoll M, Obradovic M, Kovar KA (2005) Psychological effects of (S)-ketamine and N,N-dimethyltryptamine (DMT): a double-blind, cross-over study in healthy volunteers. Pharmaco psychiatry. 38(6):301-11.

Grof, S. (1994). LSD Psychotherapy. Alameda, CA: Hunter House.

Grof S. (2001) The Potential of Entheogens as Catalysts of Spiritual Development, Cit in Roberts TB, 2001.

Hammond S (1974) We Are All Healers, Balantine Books, New York, 1974,

Han S, Gu X, Mao L, Ge J, Wang G & Ma Y (2010) Neural substrates of self-referential processing in Chinese Buddhists. SCAN, Soc Cogn Affect Neurosci. 5(2-3):332-9

Harner, MJ. (1973). Hallucinogens and Shamanism. London: Oxford University Press.

Hodgkin AL & Katz B (1949) The effect of sodium ions on the electrical activity of the giant axon of the squid. J Physiol 108:37-77.

Hodgkin AL & Huxley AF (1952) Quantitative description of membrane current and its application to conduction and excitation in nerve. J. Physiol. 117:500-44.

Hofle N, Paus T, Reutens D, Fiset P, Gotman J, Evans G & Jones BE (1997) Regional CBF change as a function of δ and spindle activity during slow wave sleep in humans. J. Neurosci. 17:4800-4808.

Hofmann A. (1983). LSD-My Problem Child: Reflections On Sacred Drugs, Mysticism, and Science Los Angeles: J. P. Tarcher, Inc.

Honorton C (1985). "Meta Analysis of Psi Ganzfeld Research: A Response to Hyman," Journal of Parapsychology, 49: 51-91

Honorton C & Terry JC (1974) "Psi-mediated Imagery and Ideation in the Ganzfeld: A Confirmatory Study," Seventeenth Annual Convention of the Parapsychological Association, New York.

Husserl E (1913) Ideen Zu Einer Reinen Phänomenologie Und Phanomenologischen philosophie. Ed. Halle, Max Niemayer. Deutschland.

Hyman R (1994) Anomaly or artefact? Comments on Berndt and Honorton. Psych. Bull. 115:19-24.

Hymann SE (1996) Addiction to cocaine and amphetamine. Neuron 16:901-904.

James W (1956) The Will to Believe and Other Essays in Popular Philosophy; DOVER Publication.

Jaaskelainen IP, Ahveninen J, Bonmassar G, Dale AM, Ilmoniemi RJ, Levanen S, Lin FH, May P, Melcher J, Stufflebeam S, Tiitinen H & Belliveau JW. (2004) Human posterior auditory cortex gates novel sounds to consciousness. Proc Natl Acad Sci U S A. 101:6809-14.

Jaspers K (1935) Vernunft und Existenz : Funf Vorlesungen. Piper R. Ed. Munchen.

Kaelbling R & Patterson R. (1966). Eclectic Psychiatry. SPringfield, IL: Charles C. Thomas.

Kalix P & Braenden O (1985) Pharmacological aspects of the chewing of khat leaves. Pharmacol Rev. 1985 37(2):149-64.

Kapogiannis D, Barbey AK, Su M, Zamboni G, Krueger F & Grafman J (2009a) Cognitive and neural foundations of religious belief. PNAS. 106 (12): 4876-81.

Kirouac GJ, Parsons MP & Li S (2006) Innervation of the paraventricular nucleus of the thalamus from cocaine and amphetamine regulated transcript (CART) containing neurons of the hypothalamus. J. Comp. Neurol. 497: 155-65.

Klüver, Heinrich. (1966). Mescal and the Mechanisms of Hallucination. Chicago: University of Chicago Press.

Kramrisch S, Ott J & Wasson RG (1986). Persephone's Quest: Entheogens and the Origins of Religion. New Haven, CT: Yale University Press

Kripner S & Rubin D (1975) Acupuncture, and Western Hemisphere Conference on Kirlian Photography. Taylor & Francis, Edit.

Lahdesmaki J, Sallinen J, MacDonald E, Scheinin M. (2004) Alpha2A-Adrenoceptors are Important Modulators of the Effects of D-Amphetamine on Startle Reactivity and Brain Monoamines. Neuropsycho pharmacology. 29:1282-93.

Laureys S (2005) The boundaries of consciousness: neurobiology and neuro pathology. Association for the Scientific Study of Consciousness, (ASSC). Prog. Brain. Res. 150:1-583. Elsevier.

Leary T, Metzner R & Alpert R (1983) The Psychedelic Experience: A Manual Based on the Tibetan Book of the Dead, Secaucus, NJ: The Citadel Press.

Licauco JT (1999) The Magicians of God: The Amazing Stories of Philippine Faith Healers, National Book Store, Inc.

Logarta EA (2009) The Psychic Healing Phenomenon in the *Philippines* and abroad. Xlibris, Corporation. USA.

Lou HC, Nowak M & Kjaer TW (2005) The mental self. Prog Brain Res. 150:197-204.

Luna LE & Amaringo P (1991) Ayahuasca visions. The religious iconography of a Peruvian shaman. Berkeley, North Atlantic Books.

Lutz A, Brefczynski-Lewis J, Johnstone T, & Davidson RJ (2008). Regulation of the neural circuitry of emotion by compassion meditation: Effects of meditative expertise. PLoS One, 3(3), e1897.

Lutz A, Greischar LL, Rawlings NB, Ricard M & Davidson RJ (2004) Long-term meditators self-induce high-amplitude gamma synchrony during mental practice. Proc Natl Acad Sci USA. 101 (46): 16369-73.

Lyles J & Cadet JL (2003) Methylenedioxymethamphetamine (MDMA, Ecstasy) neurotoxicity: cellular and molecular mechanisms. Brain Res Brain Res Rev. 42:155-68.

Maldonado R, Valverde O & Barrendero F (2006) Involvement of the Endocannabinoid System in Drug Addiction. Trends Neurosci. 29: 225-232

Metzinger T. 2003. Being NO One: The Self-Model theory of subjectivity. Cambridge MIT Press.

Metzner R (1999) Ayahuasca: Hallucinogens, Consciousness, and the Spirit of Nature, New York: Thunder's Mouth Press.

Mori T, Yoshizawa K, Ueno T, Nishiwaki M, Shimizu N, Shibasaki M, Narita M & Suzuki T. (2013) Involvement of dopamine D2 receptor signal transduction in the discriminative stimulus effects of the κ-opioid receptor agonist U-50,488H in rats. Behav Pharmacol. 24(4):275-81.

Naranjo C (1973) The Healing Journey: New Approaches to Consciousness. New York: Random House.

Naish PL (2010). Hypnosis and hemispheric asymmetry. Conscious Cogn. 19(1):230-4.

Nencini P, Ahmed AM, Anania MC, Moscucci M, & Paroli E (1984) Prolonged analgesia induced by cathinone. The role of stress and opioid and nonopioid mechanisms. Pharmacology. 29(5):269-81.

Newberg AB, Wintering N, Waldman MR, Amen D, Khalsa DS & Alavi A (2010) Cerebral blood flow differences between long-term meditators and non-meditators. Conscious Cogn. 19(4):899-90

Newberg AB & Waldman MR (2006) Why We Believe What We Believe: Probing the Biology of Religious Experience. Free Press, Simon & Schuster, NY.

Newberg A, Pourdehnad M, Alavi A, d'Aquili EG. (2003) Cerebral blood flow during meditative prayer: preliminary findings and methodological issues. Percept Mot Skills. 97(2):625-30.

Newberg A, Alavi A, Baime M, Pourdehnad M, Santanna J & d'Aquili E. (2001) The measurement of regional cerebral blood flow during the complex cognitive task of meditation: a preliminary SPECT study. Psychiatry Res. 106:113-22.

Nordby H, Hugdahl K, Jasiukaitis P & Spiegel D. (1999) Effects of hypnotizability on performance of a Stroop task and event-related potentials. Percept Mot Skills. 88(3 Pt 1):819-30.

Nottebohm F. (2002) Neuronal replacement in adult brain. 57(6):737-49

O'Shea J, Muggleton NG, Cowey A & Walsh V (2004) Timing of target discrimination in human frontal eye fields. J. Cogn. Neurosci. 16:1060-7

Ott, J. (1993). Pharmacotheon: Entheogenic Drugs, Their Plant Sources and History. Kennewick, WA: Natural Products Co.

Ott, J. (1994) Ayahuasca Analogues: Pangaen Entheogens, Kennewick, WA: Natural Products.

Palmer J (2003) ESP in the Ganzfeld. J. Consc. Studies. 10 (6–7).

Petersen NT, Pyndt HS & Nielsen JB (2003) Investigating human motor control by transcranial magnetic stimulation. Exp Brain Res. 152:1-16.

Persinger MA. (1993) Vectorial cerebral hemisphericity as differential sources for the sensed presence, mystical experiences and religious conversions. Percept Mot Skills. 76 (3 Pt 1):915-30.

Popper KR & Eccles JC (1977) The self and its brain. An argument for interactionism. Springer, Berlín.

Powell SB, Lehmann-Masten VD, Paulus MP, Gainetdinov RR, Caron MG, Geyer MA. (2004) MDMA "ecstasy" alters hyperactive and perseverative behaviors in dopamine transporter knockout mice. Psychopharmacology (Berl). 173(3-4):310-7.

Premack, D., & Woodruff, G. (1978). Does the Chimpanzee Have a Theory of Mind. Behavioral and Brain Sciences, 1(4), *515-526.*

Quickenden TI & Tilbury RN (1986) A critical examination of the bioplasma hypothesis.Physiol Chem Phys Med NMR. 18:89-101

Rainville P, Hofbauer RK, Bushnell MC, Duncan GH, Price DD. (2002) Hypnosis modulates activity in brain structures involved in the regulation of consciousness. J Cogn Neurosci. 14:887-901.

Rainville P, Hofbauer RK, Paus T, Duncan GH, Bushnell MC, Price DD. (1999) Cerebral mechanisms of hypnotic induction and suggestion. J Cogn Neurosci. 11:110-25.

Randi, J (1994) Fraudes Paranormales. Tikal Ediciones, Gerona, España, 1994.

Robledo P, Mendizabal V, Ortuno J, de la Torre R, Kieffer BL & Maldonado R (2004). The rewarding properties of MDMA are preserved in mice lacking mu-opioid receptors. Eur J Neurosci. 20:853-8.

Roquet S, Favreau PL, Ruiz de Valasco, M. (1976) The Existencial Through Psychodisleptics. Albert Schweitzer Association, Psychosinthesis Institute.

Ruck CA, Bigwood J, Staples D, Ott J, Wasson RG. (1979) "Entheogens". *J Psychedelic Drugs.* **11(1-2):145-6.**

Saunders E (1997) Ecstasy Reconsidered, London: Editado por el autor.

Schlitz M & Tart C (2004) Parapsychology: State of the Art and Implications for Consciousness Studies. IN: Hameroff S, Kaszniak A & Chalmers D (2004) Toward a Science of Consciousness. The VIth Tucson Conference. Discussion and Debates.

Sherman H (1967) Wonder Healers of the Philippines, Psychic Press, Ltd., London.

Shulgin A & Shulgin A (1991) PIHKAL: A Chemical Love Story. Berkeley: Transform Press.

Sim-Selley LJ, Vogt LJ, Vogt BA, Childers SR. (2002) Cellular localization of cannabinoid receptors and activated G-proteins in rat anterior cingulate cortex. Life Sci. 71(19):2217-26.

Sizemore M, Perkel DJ. (2011) Premotor synaptic plasticity limited to the critical period for song learning. Proc Natl Acad Sci U S A. 108(42):17492-7.

Solinas M, Zangen A, Thiriet N & Goldberg SR. (2004) Beta-endorphin elevations in the ventral tegmental area regulate the discriminative effects of Delta-9-tetrahydrocannabinol. Eur J Neurosci. 19:3183-92

Stoelb BL, Molton IR, Jensen MP & Patterson DR (2009) The Efficacy Of Hypnotic Analgesia In Adults: A Review Of The Literature. Contemp Hypn. 26 (1): 24-39.

Storm L, Tressoldi PE & Di Risio L (2010) Meta-analysis of free-response studies, 1992-2008: assessing the noise reduction model in parapsychology. Psychol Bull. 136 (4): 471-85.

Strassman, Rick (2001) DMT: The Spirit Molecule: A Doctor's Revolutionary Research into the Biology of Near-Death and Mystical Experience. Rochester, VT: Park Street Press.

Svenningsson P, Tzavara ET, Carruthers R, Rachleff I, Wattler S, Nehls M, McKinzie DL, Fienberg AA, Nomikos GG, Greengard P. (2003) Diverse psychotomimetics act through a common signaling pathway. Science; 302:1412-5.

Tart, CT. (1972). Altered States of Consciousness. Garden City, NY: Doubleday.

Thaheld F. (2003) Biological nonlocality and the mind-brain interaction problem: comments on a new empirical approach. Biosystems. 70(1):35-41.

Volkow ND, Chang L, Wang GJ, Fowler JS, Ding YS, Sedler M, Logan J, Franceschi D, Gatley J,

Hitzemann R, Gifford A, Wong C & Pappas N. (2001) Low level of brain dopamine D2 receptors in methamphetamine abusers: association with metabolism in the orbitofrontal cortex. Am J. Psychiatry. 158:2015-21.

Volkow ND, Wang GJ, Fowler JS, Tomasi D & Baler R (2012) Food and Drug Reward: Overlapping Circuits in Human Obesity and Addiction. Curr Top Behav Neurosci. 11:1-24.

Wallace BA (2007) Contemplative Science: Where Buddhism and Neuroscience converge. Columbia University Press.

Watts A (1962) The Joyous Cosmology: Adventures in the Chemistry of Consciousness. New York: Pantheon.

Wasson RG (1957) Magic Mushroom. Life. 42: (10-12, Mayo 13) 108-120

Wasson RG (1968) Soma: Divine Mushroom of Immortality. The Hague: Mouton. (first edition) New York: Harcourt Brace Jovanovich.

Wasson RG, Hofmann A & Ruck CAP. (1978-2008) The Road to Eleusis (30th Anniv. Edition), North Atlantic Book, Berkeley, California.

Wilson PL (1999) Ploughing the Clouds: The Search for Irish Soma, San Francisco: City Lights.

Wise RA. (2002) Brain reward circuitry: insights from unsensed incentives. Neuron. 36:229-40.

Wittgenstein L (1951). Uber Gewisβheit. On Certainty. Transl. Anscombe GEM & Von Wright GH. Oxford-Blackwell. 1969.

Woodard F. (2003) Phenomeno logical contributions to unders tanding hypnosis: review of the literature. Psychol Rep. 93:829-47.

Wuerfel J, Krishnamoorthy ES, Brown RJ, Lemieux L, Koepp M, Tebartz van Elst L, Trimble MR. (2004) Religiosity is associated with hippocampal but not amygdala volumes in patients with refractory epilepsy. J. Neurol. Neurosurg. Psychiatry. 75:640-2.

Yao WD, Gainetdinov RR, Arbuckle MI, Sotnikova TD, Cyr M, Beaulieu JM, Torres GE, Grant SG, Caron MG. (2004) Identification of PSD-95 as a regulator of dopamine-mediated synaptic and behavioral plasticity. Neuron. 41:625-38.

Zambrano Y (2014 A) La Sublimación del Intelecto. Ensayos Neuroepistemológicos. NBI Editores.

Zambrano Y (2014 b) SexCualidad y Cerebro, NBI Editores.

Zambrano Y (2014, c) Los Niveles de percepción en la cínica de la conciencia. NBI Editores.

Zambrano Y (2014 d) El Procesamiento de la Información Intelectual. NBI Editores

Zambrano (2014 E) Viaje al Centro de Nuestra Conciencia, Aproximaciones Neurobiológicas. NBI Editores.

110

www.ingramcontent.com/pod-product-compliance
Lightning Source LLC
Chambersburg PA
CBHW060902170526
45158CB00001B/464